U0923210

成就孩子好性格的100个细节

郭志刚◎编著

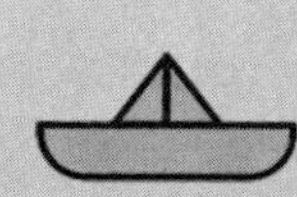
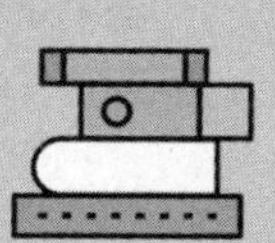

北京工业大学出版社

图书在版编目（CIP）数据

成就孩子好性格的100个细节 / 郭志刚编著．—北京：北京工业大学出版社，2012.5（2022.3重印）
ISBN 978-7-5639-3087-6

Ⅰ.①成… Ⅱ.①郭… Ⅲ.①儿童－性格形成 Ⅳ.①B844.1

中国版本图书馆CIP数据核字(2012)第075050号

成就孩子好性格的100个细节

编　　著：郭志刚
责任编辑：刘学宽
封面设计：胡椒书衣
出版发行：北京工业大学出版社
（北京市朝阳区平乐园100号　邮编：100124）
010-67391722（传真）　bgdcbs@sina.com
经销单位：全国各地新华书店
承印单位：唐山市铭诚印刷有限公司
开　　本：710毫米×1000毫米　1/16
印　　张：14
字　　数：222千字
版　　次：2012年5月第1版
印　　次：2022年3月第3次印刷
标准书号：ISBN 978-7-5639-3087-6
定　　价：39.80元

前　言

“习惯形成性格，性格决定命运。”20 世纪初，美国心理学家用几十年的时间证实了这句名言。他们曾对一些聪明的孩子进行了长达数十年的跟踪调查，也对几百位历史名人做过深入研究，最终的调查结果是一致的——那些有所作为、获得成功的人，往往都具有坚强自主、吃苦耐劳、勇往直前等性格特征。

一个人的性格特征从根本上决定着他的前途与命运。人一旦形成消极、悲观、偏激、懦弱等不良性格，就会诱发长期的不良情绪，甚至导致心理疾病。

所以，一个人独特的个性品质，既可以助他走向成功的彼岸，也可能将其推入万丈深渊。

人们常说“江山易改，秉性难移”，可事实并非如此。连任三届英国首相、执政长达 12 年的撒切尔夫人，在首次当选首相的那一天告诉世人：我的一切成就都归功于父亲对我的教育培养。

自撒切尔夫人 5 岁起，父亲就教导她凡事要有主见，要善用自己的大脑判断事物的是非曲直，切不可人云亦云。平时生活中，父亲不会溺爱她，不会把她“含在嘴里，捧在手心”，而是让她从清淡艰苦的家庭生活中学会节俭朴素、积极进取、顽强奋斗，并培养她自立自强、严谨自律、善恶分明的独立人格。

可以说，撒切尔夫人的个性品质、行事风格及对政治的坚持和热爱，都源于其父耐心的培养。正因如此，她才能从一个普通的小女孩成为在世界舞台上叱咤风云的政治家，成为“撒切尔主义”的创始人。

同样执政长达12年的罗斯福，被认为是美国历史上最伟大的总统之一。人们好奇，身有残疾的他为何能有这样的成就？仔细了解其年少时所受的家庭教育，我们就不难发现，他的成功同样源于父母对其个性、品格的培养。

无论从日常作息、体育锻炼，还是学习、游戏等方面，罗斯福的父母都努力培养他勇敢、坚毅、不怕吃苦的良好品格。同时，他们认为，尊重孩子，给孩子适当的“自由”，让他在无拘无束中尽情享受欢乐童年，这对其个性的发展和良好品格的形成大有好处。

不仅仅是撒切尔夫人和罗斯福，古今中外许多伟人，在各行各业取得巨大成就的无数成功者，他们各自在不同领域大放异彩，却有着相似的童年经历，即父母对其良好性格的塑造。

可见，在孩子成长的过程中，父母对于培养其优秀人格品质有着义不容辞的责任。本书选择与孩子性格相关的100个细节，通过丰富的名人家教故事、日常生活中常见的家教案例等，生动且有理有据地讲述了父母塑造孩子性格可选用的各种方法。

“勿以恶小而为之，勿以善小而不为。”在塑造孩子性格的过程中，父母注意观察孩子的一言一行、一举一动，从这100个甚至更多的细节处着手，才能帮助孩子养成良好的行为习惯、道德品行，以积极健康的心态把握命运的风帆，使其不致在潮起潮落时触礁遇险。

编　者

目　录

第一章

7岁前，塑造孩子性格的关键期

很多家长在家庭教育中，都比较倾向于关注孩子是否听话、学习成绩是否有进步、身体是否健康等，却往往忽视其性格的“成长”是否顺利。俗话说，“三岁看大，七岁看老”，在家教中，如何让孩子在7岁前能得到良好的品性教育，值得每位年轻父母的重视。在本章中，我们就一起来看看儿童教育专家在塑造孩子性格的关键期中的家教建议吧。

细节1：孩子一生成功靠性格

在20世纪初，就有很多教育学家和心理学家对如何培养优秀人才十分感兴趣，并进行了许多的研究。其中，有几位心理学家采用了一种“笨”办法进行研究，结果取得了丰硕的成果。

他们先是在全美范围内对十几万名儿童进行筛选，从中挑选出了近两千名智商很高、品学兼优的孩子，然后对他们的成绩、性格、家庭等等因素都做了详细的记录，然后每隔两年就回访一次，并做些相应的总结研究工作。在经过了长达30年的回访后，心理学家们研究后发现，这些小时候很聪明的孩子在成年后并非都取得了令人称赞的成就。其中，有大约五分之一的人从小到大都表现得很出色，有的成为年轻的医学家，有的成为作家，有的成为优秀的企业家等等。但是，还有大约五分之一的孩子无论在工作上，还是在生活中，都表现得很普通，儿时高智商的影子此时一点儿都看不出来了。

最值得心理学家注意的是，这些孩子们中间还有一些走上了歧路，如问题少年，甚至成年后成为狡猾的罪犯。到底是什么因素导致这些孩子在成长的过程中出现了这么大的变化呢？

原来，根据历次的回访记录，那些走上犯罪的人大多在性格上有些问题，而这在他们小的时候就有一些征兆，但一直没有得到有效的纠正，如意志力薄弱、爱慕虚荣、偏激、自负等等。而一些孩子虽然智商很高，但有懒惰、得过且过、不求上进的毛病，随着年龄的增加，他们在中学、大学的表现也就逐渐泯然众人矣。

可见，一个人的一生能否持续成功，其先天的智力水平虽然有一定的作用，但更重要的是其性格因素的影响。性格，是一个人对周围的人和事的态度和行为中比较持续的、稳定的个性心理特征。其在儿童时期逐渐表现出来，随着年龄增加和阅历的增长，会逐渐稳定下来，一旦形成就很难彻底改变，成为人的“本性”。

俗话说：“性格决定命运。”孩子拥有什么样的性格才能获得一生的成功与幸福呢？我们还是拿上面的研究案例来说，经过研究，心理学家发现，对孩子的一生影响最大的性格因素主要有以下几种。

爱心。在家教中，家长应从小培养孩子的爱心和善心。这样的孩子往往心地善良，无论是做人还是处事，都会抱以积极、善意的态度，不但能赢得周围人的认可，孩子自己还会得到更多的心理满足感和成就感。

毅力。在日常生活中，家长可鼓励孩子从小事开始锻炼毅力，不但能磨炼其意志，还能让孩子早早养成“有始有终”的习惯。孩子成年后，做事往往能从一而终，不轻言放弃，有更高的概率获得成功。

勇气。有勇气孩子大都敢想敢做，对未知的事物能大胆尝试，对困难也不畏惧，可以说，有勇气的孩子不惧日后人生路上的艰险。但是，孩子的勇气是需要后天培养的，家长可在日常生活中鼓励孩子勇于面对难题，逐渐培养孩子的胆魄。

宽容。对于孩子来说，他们往往有保护自己和利己的本能，在和小朋友的相处中，会表现出“自私”和对对方不友好的一面。这时，家长就应及时教育孩子，要心胸开阔，能宽以待人，与对方共享自己的快乐，时间长了，孩子不但能赢得人们的喜爱，还能养成宽容之心，更有利于日后孩子从容面对不如意的人生境遇。

乐观。其实，做父母的都有这样的体会，在自己的孩提时代，眼中的一切都是令人兴奋的，无论什么都能玩得很开心，几乎没有什么能让自己长期郁闷的事情，这就是孩子的乐观性。在教育孩子中，家长可着力培养孩子的乐观性，这样，在成年后，无论是遇到多大的困难，孩子都能看到光明的前景，无论面临多么枯燥的工作和生活，他也能从中发现乐趣。这样的人，更有可能成为人生的胜者。

细节2：7岁，培养孩子性格的关键期

一旦谈到幼儿的教育问题时，有个名词就会常常被专家们提及——“潮湿的水泥期”。

它的意思是，在孩子7岁前，他们的品性有很大的可塑性，就像拌在水里的水泥一样，可以被塑成各种样子。7岁以后，孩子的性格就会逐渐定型，犹如晾干的水泥雕塑般很难再进行改变。这个比喻很形象，也很容易理解，其意在于提醒家长们在早教时期要及时帮助孩子塑造良好的品性，既不能只顾智力开发不顾其余，也不能以孩子年龄小而不予重视任其自由发展。

在家教中，如何让孩子在7岁前能得到良好的性格教育，值得每位年轻父母的重视。在生活中，我们做家长的在孩子的性格关键期应该如何做呢？对此，儿童心理学家提出了以下几项性格教育原则，供家长参考。

1. 了解自己孩子的性格特点

生活中，很多年轻的家长在聊天时往往有这样的感慨：

“某某家的孩子多活泼，一点也不怕生。”

“我们邻居的孩子多懂事，小小年纪都能给下班回家的爸爸拿拖鞋了”

……

这些家长希望自己的孩子也能像别人家的“榜样宝宝”般出色，自然在家教中，会向人家的“标准”看齐，而忽略了自己孩子的个性。每个孩子的生活环境都是独特的，他所接触的人、事、物大相径庭，因此，他们的表现也各不相同，在加上先天的因素，综合起来形成了他的个性特点。

孩子的性格是外向，还是内向，还是内外兼有，孩子是沉静理智型的，还是情绪冲动型的？这些在生活中都能看的出来。孩子的性格中有哪些优点是值得发扬的，又有哪些缺点是需要及时纠正的，这些都明了后，就可以逐渐“塑造”其性格了。孩子性格的具体测试方法，我们在本章的末尾的一节中有专门的介绍，有兴趣的家长朋友可以参考。

2. 在游戏中塑造孩子的良好性格

我们已经知道，7 岁前是孩子的性格的重要形成时期，这段时间中家长的工作是否到位直接关系着孩子一生的发展。在西方国家，家长们往往在这段时期内，通过释放孩子的天性，在陪他们玩耍中逐渐对其性格的形成施加隐形的影响，而且往往取得良好的效果。

在我国，这段时期的早教往往偏重于智力开发，这就需要家长们注意如何在智力和性格培养中保持平衡了。其实，这二者也不是绝对的对立的。国内也有家长通过游戏的方式将智力开发和性格培育有机地结合起来，在学习时，通过增加趣味性吸引孩子的兴趣，达到在智力开发的同时锻炼孩子的忍耐心和专注力。

3. 注意培养孩子的道德意识

不少家长在教育孩子时，都会教他们不说脏话、不欺负人、要能辨明是非等基本的道德意识，但并没有认识到道德对孩子优良品性的促进作用。其实，道德的范围是比较广泛的，如友爱、谦让、同情、遵守规则等等。它们不但能帮助孩子辨是非、明事理，还有助于孩子在成长中的自我监督约束，促进自己积极向上。

细节3：父母的性格影响孩子的性格

心理学家曾做过这方面的研究，发现父母的性格对孩子性格的形成有着非常大的影响，如不善言谈的父母，其孩子在语言方面往往也不很擅长，性格开朗的父母，其孩子也甚少出现忧郁、内向等性格。因此，在生活中，父母不但要了解，还要能掌控自己的性格脾气，收敛不良之处，将优秀的方面展示给孩子，并鼓励孩子发挥所长，弥补不足之处。具体来说，在家庭中，家长可以采取以下方法影响和自己性格相似的孩子的成长。

1. 夫妻互相提醒，将自己优秀的一面展现给孩子

家是温馨的港湾，也是一家人自由的天地，在家里，夫妻之间尤其是丈夫，往往会更随意自在，在享受温馨的同时，常忘了在孩子面前要“有所为有所不为”，如不说脏话，不乱发脾气，养成好的生活习惯等等。毕竟几岁的孩子分辨力还很弱，在他们的眼里，父母是最亲的也是对的，在模仿父母的行为时，一些不良的习性也会学到。

2. 帮助孩子认识到自己的性格优势

几岁的孩子，往往已经展现出自己的性格“雏形”了，而他们自己对此并不清楚，只是在随性地发展着。这时，如果父母能及时介入，用孩子能理解的话鼓励孩子，会对其性格发展有较好的帮助。

如，当父母发现自己的孩子比较有耐心，能安静地玩复杂的拼图游戏时，可以鼓励地说：“宝宝真厉害，这么大这么难的拼图都完成这么多了，爸爸妈妈为你自豪呢！”当发现孩子能说会道时，父母可以这么鼓励他：“我们的宝宝是个很棒的演说家，爸爸妈妈爱听你的演讲，要加油哦！”

3. 给孩子一些锻炼，磨炼其性格

俗话说，“玉不雕不成器”，无论孩子表现出了明显的性格优点还是缺点，家长都要适当安排些小的锻炼以磨炼孩子品性。如发现孩子的耐心不足问题时，父母可以用孩子喜欢的游戏方式进行锻炼，从简单的游戏逐渐升级到复杂的游戏，以提高其做事情的耐心。

细节4：培养孩子性格师生因素不可忽视

小翊是小学三年级学生，是很聪明的男孩子，性格比较文静，但平常学习不太认真，成绩也一般，特别是语文成绩总是在及格线上下徘徊，后来，在看到上初中的表姐的作文经常发表在中学生报刊上，还得到了校长的奖品——一个精致的钢笔和笔记本，让他羡慕不已。

在表姐的影响下，小翊也逐渐对学习上心了，还特别好好地补习了语文。在期末考试前，他又进行了认真的复习，当考试成绩公布后，他的成绩都有所进步，比较突出的是语文成绩，一下子考到了90分，这可是他上学以来最好的成绩了！放学后，小翊兴冲冲地奔回家，把这个好消息告诉了爸妈，全家人都很高兴，还好好庆贺了一下。

但是，第二天放学回来后，小翊一到家就哇哇大哭，原来，下午语文老师在上课时当众表示不相信他的成绩会考那么好，认为他是作弊得来的，还批评了他几句，让小翊委屈至极。

在爸妈的安慰下，小翊渐渐不再伤心了。

第二天上午，小翊的妈妈来到学校，找到语文老师询问昨天发生的事情。而这位年轻的女老师则坚持认为小翊的成绩很可疑，还建议小翊妈好好管教一下孩子，敷衍了几句，语文老师就借口有事匆匆走了。

无奈，小翊妈回家后，和丈夫商量下决定边安慰小翊边换个时间再和语文老师谈谈，看看她是不是对小翊有些偏见。

没过多久，还没有来得及第二次见面，语文老师就被学校调走了，给小翊的班换了位有20年教龄的男语文老师。这位老师经验丰富，教课时认真负责，并且对学生一视同仁，还很风趣幽默，深得学生的喜欢。在老师的亲自指点下，几个月后，小翊不但语文成绩提高的更快，还在校报上发表了一篇作文，也获得了一个小笔记本的奖品，这让他非常激动，学习的劲头也更足了。更让小翊爸妈意想不到的惊喜是，自从这位新语文老师到来后，小翊比以前更爱说笑了，性格也开朗活泼了许多，还懂得照顾爸妈了。

故事中小翊的遭遇并不是特例，在实际生活中，我们经常看到老师对孩子的关心、批评或惩罚。这些对他们的心理都有着不可忽视的影响，即老师的个性和行为方式会影响到孩子心理健康和学习成绩。毕竟，孩子的年龄较小，正处于身心成长的阶段，很容易受到他们心目中比较“权威”的老师的影响。

因此，作为家长，除了要在家中为孩子创造一个良好的生活环境外，还要关注孩子在学校的情况，及时和老师沟通，共同促进孩子的健康成长。另外，家长还要关注孩子的同学“小圈子”，了解这个小的社会群体对孩子的影响。具体来说，家长可采取以下两种方法和孩子的老师、同学保持良好的沟通，促进孩子良好品性的形成。

1. 定时和老师沟通，尽量深入交流

在学校里，一位老师往往要教几十甚至上百名学生，教学工作也比较繁忙，而每个学生的成绩、性格、行为方式都不一样，希望老师能一对一地指导孩子的成长往往不太现实，而坐等老师的家访，时间间隔则比较长，不利于家长及时了解孩子的情况。

因此，家长应主动和孩子的老师沟通，多进行交流，既能让老师对自己的孩子有更深入的了解，也是家长对老师性格思想的一个了解，在教育孩子上更有利于双方的协调一致。

如果家长有条件的话，最好和孩子的每一位老师都能及时沟通，以更全面掌握孩子的学习、思想状况。

2. 热情对待孩子的同学，和这些同学的家长交朋友

家长往往有这样的感觉：随着孩子的长大，自己说什么话孩子听不进去，但是换成他同学好友说的话，孩子一准频频点头认可。这很让做家长的郁闷。其实这是正常现象，我们小的时候，也是这样过来的。

可见，孩子的同学、朋友对的影响力多么的大，所谓“近朱者赤，近墨者黑”，孩子和什么样的同学相处久了，在性格行为上就会受到他们的影响。为了了解孩子的交友状况，家长还是很有必要多接触孩子的“圈子”的。比如多欢迎孩子的朋友来家里玩，和他们多聊聊，如果能和这些朋友的家长相识并经常交流的话，通过了解家长进而对这些学生的品性会认识得更深些。

细节5：让孩子少看电视少上网，远离负面影响

浚浚上小学二年级了，他是个很乖巧的男孩，平常一放学就回家写作业、看电视，从不和同学在外面玩，这让他的爸爸妈妈很是喜欢。浚浚的爸妈是上班族，他们的工作都很忙，很少有时间照顾他。自从浚浚断奶后，他的爸妈就把日常带孩子的任务交给了双方的老人，爷爷奶奶和姥爷姥姥轮流照顾他。

从两三岁起，浚浚就很喜欢看电视，无论是动画片、广告、电视剧还是娱乐节目，也不管看懂看不懂，他都能看得津津有味。而且，在和家人说话时，他还能头头是道地说上一会儿，并不时地来两句影视剧对白或广告“名言”。这让大人们感到很是惊奇，认为自己的孩子从电视里真是学了不少知识。

自从浚浚上小学后，他爱看电视的习惯依然没有改变，成绩也是班里的上中等，只是不太爱说话了，让父母很是满意，也就没有过多地注意他了。到浚浚上二年级时，浚浚比以前更加沉默了，也更不爱和同学交往了，总是自己上学、放学，也从不参加集体活动，看起来一个人挺潇洒的，但父母总觉得有些不对劲。直到学校老师给浚浚妈打电话时，他们夫妇才知道，孩子在学校是相当的孤僻，不合群，而且很腼腆。这下子，他们着急了，孩子这么小就如此孤僻，以后可怎么在社会上与人相处呢？

像浚浚这样喜欢看电视，但不爱与人交往，甚至有些有些抗拒团体活动的孩子，是典型的“电视孤独症”。他们虽然从电视中获得了很多知识，但是和现实环境脱节，久而久之，他们的性格就会变得更加孤僻甚至古怪。可见，不加限制地看电视对孩子的身心成长是很不利的。除了电视，电脑游戏对孩子的吸引力也很大，如果家长不善加引导，孩子更容易沉迷于游戏世界中，一旦产生“网瘾”，解决起来更加棘手。

那么，家长应该怎么做才能让孩子免受不良媒介信息的影响呢？对此问题，儿童教育家提出了以下几点家教建议，供家长们参考。

1. 控制看电视和玩电脑游戏的时间

研究证明，孩子的不良性格是可以“修正”的，哪怕只是减少他们接触电视、电脑游戏的时间，坚持下去也会有不错的收效。因此，家长可以根据自己孩子的具体情况，拟定一个合适的娱乐时间表，让孩子逐渐减少和不良信息的接触时间和频率。

2. 和孩子一起看、一起玩

在孩子看电视、玩电脑游戏时，家长也不必常常在一边呵斥孩子，那样做的效果其实并不好，甚至还会引起孩子的逆反心理。家长不如放下手头的活计，和孩子一起娱乐，尽情地投入其中，边欣赏电视（或玩游戏）边和孩子点评这些内容，在亲自交流中增进互信，教孩子分辨哪些信息、游戏是对自己有益的，哪些是有害的，并评析它们的益处和害处的根源又是什么，让孩子在交流中产生正确的认识。

3. 给孩子找到替代的娱乐方式

让孩子远离电视、远离电脑，家长仅靠限制时间和指出它们的危害还是不够的。更有效的方法是，在减少这些原有的不良娱乐时间的同时，再给孩子找到其他的娱乐方式，吸引孩子的注意力，让孩子能“移情别恋”。如，有的孩子喜欢安静，可以鼓励孩子多看书，各种儿童文学、少儿杂志等都是不错的选择；还有的孩子喜欢带有暴力的动画片、影视剧和电脑游戏，家长可以顺势引导，让孩子参加武术培训班、足球队等，在锻炼身体的同时，能切身体会到影视剧和游戏中的打斗和现实是两回事，更不能照搬里面的解决方法。

细节6：播种一种习惯，收获一种性格

“爷爷，我放学回来了！”

一边叫着，王小赛一边进了家门，他今年8岁了，不但聪明而且活泼好动，是班里的活跃分子，也是家里的开心果，无论是爸爸妈妈还是爷爷奶奶，都非常疼爱他。

“好孙子，来，告诉爷爷今天学校里有什么新鲜事儿?”爷爷边给他拿水果边问他。

看到小赛直接伸手拿水果时，爷爷把盘子一收，笑道：“去，先洗手，好吃的爷爷都给你留着呢，别着急。”

“嘿嘿，不干不净吃了没病”说着，小赛扔下书包，跑到洗手间，随便冲洗了几下擦擦就出来了。

他大咧咧地往沙发上一躺，踢掉鞋子，伸手就从爷爷递过来的盘子里拿了串葡萄，边吃边开始讲起学校里的“趣闻”来，一时间，爷儿俩谈的忘我起来。都聊完了，小赛一站起来，才发现自己的白运动衣上沾了几滴葡萄汁，随便擦擦就算完事了。

晚上10点30分，在妈妈的督促下，他的家庭作业才做完，然后准备洗漱休息了。这时，妈妈把他的作业拿起来翻了翻，一页没看完眉头就皱起来了。

她叫来小赛，问道："小赛，这道数学题的答案不对啊，你再看看"

"是吗？我再算算啊，"说着小赛拿过纸笔开始演算起来，"呀，是中间的一步算错了，我把数字1看成7了，嘿嘿"

"唉，你这马虎鬼，写作业不能认真些吗？"妈妈无奈地摇摇头，她这儿子什么都好，就是做事大大咧咧、马马虎虎，屡教不改，让她真是头疼不已，真是担心孩子以后在中考、高考时也出这样的"篓子"，那可就影响他的一生了。

小赛妈的担心是很有道理的，如果孩子从小就马虎惯了，养成习惯后，长大以后做事情也会应付了事，不会多么认真，这对孩子来说不是一件好事。这样的性格看似"潇洒"、不拘小节，实则会导致孩子在很多事情上的失败。

具体来说，父母可考虑从以下方面入手帮助孩子养成良好的习惯，然后以习惯促进性格的发展。

1. 让孩子养成良好的生活习惯

对孩子来说，生活是他们接触世界、体验自己人生的第一步，这一步迈得好坏，直接影响其以后的人生路，而且，生活习惯还和孩子的健康密切相关，这都需要家长能多一些关注。孩子在日常生活中需要养成的良好习惯主要有规律休息、科学饮食、讲卫生这三个方面。这些看起来简单，其实做起来内容也不少。比如规律休息就要求孩子能按时睡觉、起床，不懒被窝，不讲条件；科学饮食就要求孩子按时吃饭，不挑食不偏食，并且饮食有节；讲卫生主要是勤洗手，洗澡，对身边的物品也要讲卫生，不随地吐痰扔垃圾，及时清除家里的垃圾废物等等。

2. 教孩子养成讲礼貌的好习惯

礼貌用语看似很普通，也很好教会，但是要想让孩子真正记到心里并形成自己的习惯，还是需要父母费一番工夫的。毕竟孩子在小的时候，这些都是在父母的教导下机械式的模仿背记下来的，并没有真正理解"礼貌"的真正含义是对人的尊重，也是对自己的尊重，更是文明的体现。因此在孩子的成长过程中，家长要经常对孩子进行引导，并和孩子讨论一些反面的例子，如骂人的脏话、言语粗鲁、不知礼节等不礼貌行为的害处，让孩子能主动拒绝这些不良习惯的侵扰。

3. 帮助孩子养成正确的思维习惯

家长在和六七岁的孩子聊天时，教孩子最基本的看问题的角度和对错辨别能力，就是对其思维的指点，如勤于观察善于动脑，站在别人的角度看同一件事的“换位思考”，自己不喜欢做的事情也不要强迫别人做等等。

细节7：给孩子做个性格测试

想全面了解孩子的性格，还需要通过性格倾向测试，下面就是一个简化版的性格测试表，共有40个题目，家长可以让孩子做一做，最后根据所得分数查对就知道他是什么性格了。

下面的问题，如果孩子认为和自己的情况一样，就打对号，如果认为不一样就打叉，如果不知可否就画圈即可。需要注意的是，家长要让孩子根据自己的实际情况据实回答。

1. 被老师夸奖后学习更积极了。

（是：计2分；否：计1分；不知可否：计0分）

2. 看完一本故事书的时间比较长。

（是：计1分；否：计2分；不知可否：计0分）

3. 常常觉得周围的朋友对你不好。

（是：计1分；否：计2分；不知可否：计0分）

4. 没事的时候喜欢任意想象。

（是：计2分；否：计1分；不知可否：计0分）

5. 对自己半年后、一年后的事情不关心。

（是：计1分；否：计2分；不知可否：计0分）

6. 当有人在你旁边时，就写不出东西了。

（是：计1分；否：计2分；不知可否：计0分）

7. 陌生的地方往往能引起你的兴趣。

（是：计2分；否：计1分；不知可否：计0分）

8. 你经常想起一两年前的事情。

（是：计1分；否：计2分；不知可否：计0分）

9. 遇到不顺心的事情，你就会生气。

（是：计1分；否：计2分；不知可否：计0分）

10. 有了心事从不给别人（包括父母）说。

（是：计1分；否：计2分；不知可否：计0分）

11. 在花零花钱时你没有计划。

（是：计1分；否：计2分；不知可否：计0分）

12. 走路你总是走路边人行道。

（是：计2分；否：计1分；不知可否：计0分）

13. 遇到一件新鲜事儿你就会给朋友讲。

（是：计2分；否：计1分；不知可否：计0分）

14. 你很在意别人评论你的话。

（是：计1分；否：计2分；不知可否：计0分）

15. 你日常的学习往往随心而为。

（是：计1分；否：计2分；不知可否：计0分）

16. 你过路口时做不到“一慢二看三通过”。

（是：计1分；否：计2分；不知可否：计0分）

17. 一般的难题吓不倒你。

（是：计2分；否：计1分；不知可否：计0分）

18. 父母在外屋看电视，你在屋里就写不了作业。

（是：计1分；否：计2分；不知可否：计0分）

19. 和朋友在一起时，你往往少说多听。

（是：计1分；否：计2分；不知可否：计0分）

20. 你对不认识的成人有警戒心。

（是：计2分；否：计1分；不知可否：计0分）

21. 衣服有点脏了你也不换。

（是：计2分；否：计1分；不知可否：计0分）

22. 你喜欢说话。

（是：计2分；否：计1分；不知可否：计0分）

23. 到新的班级你能很快适应。

（是：计2分；否：计1分；不知可否：计0分）

24. 当别的同学比你考的成绩好时你会生气。

（是：计1分；否：计2分；不知可否：计0分）

25. 在学校，经常向老师请教问题。

（是：计2分；否：计1分；不知可否：计0分）

26. 和陌生的同学说话时会紧张。

（是：计1分；否：计2分；不知可否：计0分）

27. 你不高兴时能很快调整心情。

（是：计2分；否：计1分；不知可否：计0分）

28. 你不喜欢当众说话。

（是：计1分；否：计2分；不知可否：计0分）

29. 你喜欢实验课而非数学。

（是：计2分；否：计1分；不知可否：计0分）

30. 当做错事受到长辈的批评后，你会记住好长时间。

（是：计1分；否：计2分；不知可否：计0分）

31. 最近一个月你丢过一次铅笔、钥匙或零钱。

（是：计2分；否：计1分；不知可否：计0分）

32. 当同学指出你做的错事时，你心里有些恼怒。

（是：计1分；否：计2分；不知可否：计0分）

33. 和父母一起吃饭时，你把好吃的菜夹给他们。

（是：计2分；否：计1分；不知可否：计0分）

34. 当客人来时，你会主动问好并给他倒茶。

（是：计2分；否：计1分；不知可否：计0分）

35. 自己每天都会主动刷牙，而且刷得很仔细

（是：计2分；否：计1分；不知可否：计0分）

36. 当自己的作业本上涂抹的地方很多时，你会重新抄一遍再交作业。

（是：计2分；否：计1分；不知可否：计0分）

37. 你喜欢在课本上涂涂画画，尤其是对插图随意修改。

（是：计2分；否：计1分；不知可否：计0分）

38. 当同学有不会的题时，你会耐心的一遍遍教他们。

（是：计2分；否：计1分；不知可否：计0分）

39. 同学有名牌手机、书包时，你心里并不羡慕他们。

（是：计2分；否：计1分；不知可否：计0分）

40. 上学放学时，你总是和同学一起有说有笑地结伴走。

（是：计2分；否：计1分；不知可否：计0分）

计分：

将各题的分数相加，其和为孩子的性格倾向指数。

计分标准：

内向型0～20分；偏内向型21～35分；中间混合型36～50分；偏外向型51～65分；外向型66～80分。

各型性格特点：

外向型：

这类性格的孩子反应敏捷，做事积极主动，但是脾气不是很好，容易发火，遇事不稳重，容易急躁。他们的兴趣比较广泛，能充满热情地去学习，当有难题时也会有些情绪低落，但很快就能恢复过来。

偏外向型：

这类性格的孩子的可塑性很强，在新的环境中也能自如地适应，较容易应对人际关系，喜欢学习新东西，比较重感情，遇到兴趣领域内的困难时，能表现出较强的毅力和钻研精神，但是枯燥无味的工作或学习会让他感到比较厌倦。

偏内向型：

这类性格的孩子一般比轻易表达自己的倾向性，不容易为感情所左右，能较为理智地看问题和做事，自我控制能力比较强，即使自己不喜欢的课程也能认真去学。他们在遇到应急事情时，不能当机立断作决定，在创造力和发散性思维方面有所欠缺。

内向型：

这类性格的孩子不太合群，和朋友交往不多，极少表露自己的情感。他们常常沉浸在自己的世界里，对身边的事不闻不问，遇事容易慌乱，没有主见。他们在新的环境中常常表现不适，需要较长时间才能融入集体中。做自己熟悉的事时有耐心，也很细心，但在做陌生工作遇到挫折时容易灰心丧气，自信心不足。

第二章

重塑孩子性格的7个关键细节

很多家长都认为自己的孩子有这样那样的性格缺点，都想尽快帮孩子改正，甚至还想让孩子的性格按照家长的意愿进行彻底的改变，以保证孩子长大后能成为更加优秀的人。这些“望子成龙”的迫切愿望我们能理解，但无数的事实证明：孩子的性格是不会被彻底改变的，塑造孩子优秀的性格需要家长在漫长的时间里付出大量的心血。此外，隔代抚养孩子也不是个明智的选择，单亲家庭孩子的性格如何培养……一起来看本章的内容吧。

细节8：孩子的性格很难彻底改变，但可以引导和塑造

小米是个性格比较内向的女孩子，刚升入初中的她，对新的环境有些不适应，总是不知道怎么和同学们相处，不管做什么事都会落单，完全融入不到新班级里。找不到新朋友的她备受打击，性格显得更沉闷了。

妈妈察觉到她的异样，周末的时候就和她谈心："最近学习怎么样？在学校里开心吗？一定认识了很多新朋友吧。"

这话正好刺激到了小米，她张张嘴，话到嘴边却不知道该说什么，于是又把心里话给闷了回去。

妈妈一看，心里了然，看来是在学校和同学们相处得不是太好。不过这也是意料之中的事情。依小米的性格她不会主动和人打招呼，经常没有存在感，交际方面很容易吃亏。

"没交到新朋友吗？"妈妈问。

小米点点头，小声说："没人和我说话。"

"那为什么不主动和同学们说说话呢？"

"上课不允许说话。"小米斩钉截铁地说道。

"你可以下课向同学借橡皮啊什么的，正正当当说话嘛。"

小米低着头不说话，妈妈叹息一声，苦笑了一下，这孩子还真是太死守规矩了。又内向，又死板，看来这性格是一辈子改不掉了。

晚上下班，妈妈刚要找小米谈心，就见小米挂着一脸的笑容跑了过来，对妈妈说："妈妈，我今天试了试你昨天说的方法，虽然……虽然橡皮没借到，但我和同学成朋友了。"

从该事例中，我们可以看出，即使是内向如小米这样的孩子也是希望来到一个新地方后能顺利融入集体中，能多有几个朋友，只是因为她的性格原因，在交际上一向处于被动地位，在妈妈的点拨下，小米鼓足勇气尝试了一下就得到了让她惊喜的结果。可见，无论孩子的性格是什么样的，只要孩子愿意做出改变还是会有满意的收获的。

在具体的家教中，家长还需要注意以下两个问题。

1. 防止孩子出现极端的单一性格

家长在孩子的性格形成期中，首先要注意的就是防止孩子向极端的单一性格方向发展，无论是哪一种单一性格都有明显的缺陷，对孩子的成长不利。例如，家长应注意预防内向的孩子越来越内向，外向的孩子则过于放任。

2. 弥补性格缺陷，增强性格优势

对于孩子的性格引导，家长关注的重点可以放在“弥补性格缺陷，增强性格优势”方面。生活中，孩子大多对自己的性格只是有个模模糊糊的印象，并没有清晰的认识，这需要家长从旁观者的角度观察、提醒并给予指导。

细节9：性格教育要尊重孩子的天性

小松是一名初三男生，虽然很聪明，但总是调皮捣蛋，上课不认真听讲，下课不完成作业，让父母和老师都十分头疼。他还严重偏科，数理化每次的成绩都是班里数一数二的，但文科却相反，能勉强及格就不错了。另外，他还有一个坏毛病，爱捡破烂。

每天放学回家，妈妈都能从小松书包里搜出一大堆没用的垃圾。比如，坏掉的羽毛球、做家具用剩的边角料或者是别人扔掉的塑料瓶子。每天不上学的日子就捣鼓这些垃圾。妈妈说了他好几次，他却美滋滋地说：“这叫物理实验，我不花爸爸妈妈一分钱，用这些废材料做实验器材，多聪明啊。”

“你这哪是聪明，简直是太笨了，这些东西脏死了，没准还有细菌，生病了怎么办？赶紧扔了，把老师上回让你补写的作文写好拿给我看看。”

闷头写了一晚上，小松才勉强写了三百字的短日记交给了妈妈。妈妈一看，命题是让写最有意义的一件事。可他却写的是捡垃圾，做他所谓的实验器材的事情。这样的作文交上去，又要被他的老师退回来了。

“重写，还有，以后再也不准往家里捡这些垃圾了，下次考试所有科目必须达到80分以上，否则就别进这个家门。”妈妈真的生气了，气呼呼地说道：“真让妈妈操心，做个好孩子、好学生就那么难吗？”

小松也感觉到很委屈，他忍不住顶嘴道：“我也是好学生，只不过和其他人的侧重点不一样。难道非得学成个书呆子，才算是好学生？妈妈，你太不讲理了。”

说完，就哭着跑回了房间，妈妈愣在原地，陷入了沉思。

身为家长，我们是否也和小松妈一样有过反思呢？孩子正处于好奇心强，探索欲和求知欲旺盛的年龄。在他们的眼里什么东西都是宝贝，都能拼成自己脑海中的玩具来。这不正是培养孩子创造力，探索精神的好时机吗！如果单纯让孩子学习，“两耳不闻窗外事”的话，他们一定就能成为天才吗？孩子的性格就会塑造得优秀吗？

1. 在玩乐中塑造孩子的性格

玩耍，就是孩子的学习，就是孩子熟悉世界及健康成长的必经阶段。一味地学习并不能让孩子的性格得到充分的锻炼和修正，反而会压抑孩子的某些特长。让孩子在自由的玩耍中快乐成长，自然形成自己的性格特点，才更有利于孩子的成长。

2. 根据孩子的特点塑造孩子的性格

有的孩子动手能力强，有的孩子观察能力强，还有的孩子表达能力很强，每个孩子都有自己的优势和特长。家长的责任就是不但不能埋没孩子的特长，反而要想尽办法给孩子创造适合展现其能力的舞台，在培养其优势的基础上，不断塑造孩子的性格。

3. 不能忽略孩子的兴趣

一般说来，孩子的兴趣往往和他的特长联系在一起，即特长正是孩子的兴趣所在，这种情况下，家长就比较轻松了，努力为孩子创造施展的空间即可。但也有的孩子兴趣和特长是两回事，这就要家长帮助孩子统筹安排，尽量两方面都能兼顾到，然后，根据孩子的成长状况逐渐塑造其性格。

细节 10：逐渐培养，重塑孩子性格需要长期努力

米灿很疼自己的女儿，好吃的，好用的，好玩的，只要看到就会买来送给女儿，她认为这是在为女儿好，想让她过得幸福一点。但结果却并不是这样，女儿的需求欲望不知从什么时候越来越大，只要是想要的东西必须要得到，否则就开始哭闹。

慢慢的，米灿觉得不能再这样惯着女儿了，她马上搜索了一大堆纠正孩子不良性格的方法，打算全部用在女儿身上，可结果却不如人意。哄过、劝过、道理讲过，但在女儿身上全没效果，米灿顿时感觉女儿这辈子算是要毁了。

愁容满面的米灿实在是心烦了，就去找了好朋友请教，朋友家的女儿和米灿女儿一样大，却乖巧懂事，让米灿着实羡慕。

“是你太急躁了。”米灿对朋友讲了女儿事情的大概经过，朋友端来一杯茶，对她说：“你女儿性格不好也是被你慢慢惯出来的，想改正过来，也得慢慢来。”

“慢？我怎么慢得了，我都快急死了，她天天要东西，和我闹，我快要受不了了。”

米灿痛苦地叹息一声，头一仰，躺倒在沙发上闭上了双眼。

“那没办法，当初你那么宠孩子的时候，怎么没想过快一点，把至今为止的东西一次性买回家呢？既然当初没那么做，现在你就必须得慢慢来，把孩子的性格纠正过来。”

“慢慢来，真的可以成功？”米灿有些怀疑。

“那你就试试看呗。”朋友笑呵呵地冲她眨了眨眼睛，最后叮嘱道：“父母一定要有耐心，不能坚持一两天没效果就又开始急了，要给孩子一个逐渐适应的过程，操之过急，只会起反作用。”

“知道了，老师大人。”虽然米灿的心情还是不太好，但她想回去试试朋友介绍的这个教子法。

慢慢来是教育学家提出的一个家教理念，其涵义是孩子是慢慢长大的，他们无论是智商还是情商，无论是知识的学习还是为人处世的熟悉都是一个渐进的过程，其性格培养也是需要家长长期的坚持才能取得成效。在孩子的性格培养中，家长不宜对孩子的过错过度重视，也不宜担忧孩子和坏朋友交往等不良行为，不能根据孩子小时候一时的问题就否定他日后取得成就的可能性。

1. 不求一时的效率和成绩

现在，确实有不少家长在教育孩子的过程中，存在着追求学习成绩，要求孩子多才多艺等急功近利的现象。这和整个社会功利氛围浓厚，人们都比较浮躁，对眼前的利益比较看重，相互攀比有关。不少家长都担心自己的孩子输在起跑线上。人家孩子有的自己的孩子也要有，人家孩子擅长的自己的孩子也不能弱了。同时，家长还常常将自己的喜好、未竟的理想也寄托在孩子的身上。殊不知，孩子的成长过程和小树苗一样，过早地在其身上压上重担，只会将其压弯，而无法使其更顺利地成长为参天大树。因此，为了孩子的光明未来，家长们还是少一点功利心，多一点耐心为好。这就需要家长对孩子学习成绩的起落不必过于在意，并放宽对孩子的各种“任务要求”。

2. 尊重孩子、包容孩子

无论孩子的年龄大小，父母都要给予充分的尊重，让他体会到真正受到成人重视的快乐。同时，家长要能对孩子的兴趣、志向、想法抱有尽可能的包容，在条件允许的范围内，尽量满足其合理要求，给孩子创造一个自由发展的空间。

细节11：单亲家庭孩子的性格如何塑造

妞子今年8岁，本来是个活泼可爱的小女孩，但自从父母离婚后，她就变得不怎么愿意和周围人交谈，而且有时候对周围人的态度十分敏感，就怕听到“没有爸爸”“可怜”等词汇，一听到这些词就会像头受伤的狮子般极具“攻击性”。

父母离婚后，妞子和妈妈住在一起，但她最讨厌的就是妈妈，因为妈妈总是说爸爸坏话，而每周爸爸来看她的时候总是带一堆好吃好玩的来，她最喜欢爸爸了，很不理解为什么妈妈会不让爸爸和她们生活在一起。

“爸爸不喜欢我们，所以我们不能和爸爸住在一起。”面对女儿的疑问，妈妈这样回答。但妞子很不赞同的回答道：“爸爸喜欢我，爸爸不喜欢妈妈，我也不喜欢，我要去找爸爸，不要理妈妈。”

虽说童言无忌，但对于离婚后独自悲伤的妈妈来说，妞子这话也刺伤了妈妈的心。她大声地对妞子回答道：“他才不喜欢你，他不要你，不要我们了。”

妞子虽然不太明白妈妈突然生气的原因，但她听懂了“不喜欢”和“不要”，心里一下子害怕起来，哇的一声大哭了起来。

从此以后，妈妈发现不管再怎么努力，妞子都不愿意和她多聊两句，而妞子的情绪也越来越反复无常，性格多疑，还有些自卑和急躁。

虽然单亲家庭对孩子的成长十分不利，但并不是说就不能教子成才了。只要家长采用正确的方式教育，还是能取得理想的效果的。最令人信服的事例，莫过于美国的黑人总统奥巴马和他的父亲了。他们父子俩都是出身于单亲家庭，但依然取得了令人瞩目的成功。在单亲家庭的家教方面，我们来看看专家的建议。

1. 告诉孩子事实，表示爸妈依然都爱他

父母离婚，孩子最担心的莫过于两点了：一是父母不再像以前那样爱他了，自己的生活再也不像以前那样充满色彩和快乐了，那种孤苦伶仃的感觉会包围孩子，让他感觉非常悲伤；二是随着年龄的增加，孩子会感受到自己和正常家庭孩子的区别，会感觉自己低人一等，不如别人家的孩子。

针对这种情况，家长坦诚地告诉孩子，父母离婚是大人们的事情，但是他们双方都和以前一样很爱孩子。双方最好每隔一定时间就一起陪陪孩子，向孩子表达真实的爱意，这能极大地纾解孩子不安、自卑的心理。

2. 单亲家长的生活态度要积极，更要关心孩子的情绪

单亲家庭的家长，往往会陷入一段时间的情感低落期，而他们的这种情绪会对孩子产生非常大的不利影响。因此，家长应收拾心情，为孩子创造一个温馨的生活环境，更要关心孩子的情感世界，让孩子能顺利度过关键的性格塑造期。

3. 对孩子不要过渡溺爱，管教不能过于严厉

单亲家庭的家长对孩子无论是溺爱还是过于严厉，都对孩子的成长十分不利。因此，家长应控制自己的行为，尽量做到家教宽严相济，公平公正。

细节12：性格塑造，依孩子的气质类型而定

小贝是一名男生，今年8岁，正在读小学。虽然聪明好学，但从小比较敏感，遇到一点惊吓就会哭个不停，家里人都叫他爱哭鬼。

而且时间一长，小贝只要一听到有人叫他爱哭鬼，就会哭出来，让家里人十分郁闷，不知道要怎么纠正他这个坏习惯。

这天，有个远房亲戚来家里做客，吃饭的时候亲戚不小心说了句“真是个爱哭鬼。”小贝马上像受到惊吓般抬起了头，眨眼的工夫，眼泪已经在眼眶里打转了。

“小贝，叔叔不是在说你，不哭哦。”妈妈赶紧哄他。

“怎么回事？”亲戚有些摸不着头脑，笑道：“小贝不会也是个爱哭鬼吧。”

这下子，小贝再也忍不住了，哇的一声痛哭出来，不管妈妈怎么哄，也劝不住。亲戚这才知道自己闯了“大祸”，匆匆吃完饭就告辞了。

妈妈本以为这次事件就过去了，可没想到事后几天，她发现小贝越来越不爱说话，变得十分的胆小和不合群，这是怎么回事呢？妈妈担心小贝是心灵受到了重创，赶紧找了家靠谱的心理诊所，带着他去看医生了。

“每个孩子都有属于自己的气质类型，小贝现在的情况来看，应该属于抑郁质和黏液质，应该是长期受到一些打击，才使他产生了抑郁情绪。现在这个状况，他还稍稍有些自卑，以后要注意多关心关心他，使他能尽快克服这些坏情绪，逐渐恢复向积极健康的情绪转化。”

回家后，妈妈严格按照医生所说的去做，多陪小贝说话，日常生活中对他也比以前关注了很多，渐渐的，小贝先是听到“爱哭鬼”三个字不哭了，但还是有点受到惊吓，这时候妈妈会及时的来到他身边，对他解释“爱哭鬼”其实也是一种爱称，喜欢你才这么叫的。

虽然小贝对这个说法有异议，但性格渐渐地开朗了起来，对不小心叫他爱哭鬼的人，只是扮个鬼脸就跑开了。

在心理医生的指导下，小贝妈才接触到气质教育的内容，并“照方抓药”，治好了小贝爱哭的毛病。据专家介绍，孩子在性格形成期，也有这样那样的心理问题，但多数并不严重，家长一般不会关注到。但是，为了孩子的健康成长，家长如果有时间的话不妨关注一下心理学中对孩子的气质分类。

气质，是个心理学名词，它是从西方引进过来的，其意思类似于我们常说的脾气、性情。心理学家将孩子的气质分为四类：胆汁质、多血质、黏液质和抑郁质。胆汁质的孩子大多活泼好动，待人热情，性子有些急躁。多血质的孩子生性较敏感，反应快，但是对自己的情绪控制不佳、黏液质的孩子比较沉稳稳重，不爱说话，反应较慢。抑郁质的孩子常常独来独往，做事慢吞吞的，情感丰富但偏消沉。

在生活中，家长应该如何根据孩子的气质类型进行教育和性格塑造呢？我们来看看心理学家的建议。

1. 适合胆汁质孩子的家教方式

拥有这种气质的孩子，性子较急，遇事爱冲动，想做什么事情时，脑袋一热就大干快上了，结果往往以失败而告终。家长应注重提高其自控能力，无论是做事还是情绪的波动，都应有所控制才能避免莽撞。

2. 适合多血质孩子的家教方式

拥有这类气质的孩子，其缺点是做事冒失、马虎，而又自视甚高，兴趣广泛但都是三分钟热度。这类孩子很聪明，但很难沉下心去做事情，往往家长一表扬就忘乎所以，故不宜经常表扬他，应着力培养其细心、耐心和坚毅的性格。

3. 适合黏液质孩子的家教方式

这类孩子的缺点是时间观念不强，做事拖拉，对外界兴趣缺乏。生活中，家长应着重培养孩子的课外兴趣，如多带孩子参观各种博物馆，鼓励他钻研各种感兴趣的事物；另外，家长还可对他明确做事情的时间要求，并有一定的奖惩措施以提高其效率意识。

4. 适合抑郁质孩子的家教方式

这类孩子的缺点是优柔寡断、自卑胆小。生活中，家长应多向其讲述英雄、伟人的故事，并鼓励他大胆做事，勇敢尝试，即使做错了也没有关系。必要时，可让他单独负责家里的一些事情，如照料宠物，去菜市场买菜等。

细节13：隔代抚养不利于孩子的性格塑造

小甜甜的爸爸妈妈都是上班族，因为工作太忙，就把小甜甜交给了爷爷奶奶照顾，他们只在每个周末和小甜甜聚上两天，但也很少有交流的时间，大多只是陪儿子逛逛公园，带小甜甜吃点好吃的。

这样的日子一直持续到小甜甜开始上小学，爸爸妈妈觉得生活的重心应该放在家庭和儿子上了，于是就把他从爷爷奶奶家接了回来，打算以后亲自照顾。

但刚接回来的当天，爸爸妈妈就无奈的把爷爷奶奶请到了家里，不为别的，就因为小甜甜吵着要爷爷奶奶，不愿意和他们生活在一起。而且，爸爸妈妈还注意到，小甜甜很矫情，一点磕碰就会哭着喊爷爷奶奶，让爷爷奶奶用尽一切办法哄他开心。

“这简直就是溺爱嘛！”累了一天，晚上躺在床上，妈妈说道：“都怪你爸妈太宠孩子了。”

“他们虽然有责任，但还不是当初你不肯辞职带孩子才变成这样的吗?”爸爸是个孝顺的人，听不得妈妈这样说。

妈妈眼一红，说道：“怎么不是你辞职？还怪起我来了。”

“算了，先睡觉，明天再想怎么办吧。”

“还用想吗？当然是想办法把孩子的坏毛病改过来啊，不然以后形成这样的性格可真麻烦了。”妈妈说道。爸爸一想，也只有这么办了，重重地叹出一口气，这才睡下。

现在的家长大多工作繁忙，休息时间少，顾不上照顾孩子，常常让自己的父母代为照料孩子。俗话常说“隔辈亲”，老人就喜欢孙辈的小孩子，如果自己有精力，更愿意照看孙子孙女了。

对孩子来说，这就不见得是一件好事儿了。首先，当孩子长期和老人一起生活时常常会得到宠溺，要什么都能得到答应，但在学习、处世等方面的提高，往往会被忽视，不利于其健康性格的形成。其次，孩子在小的时候，最需要的是和父母的亲近，这种心理需求长期得不到满足也会影响孩子的心理发育。最后，在孩子的教育方面，父母亲往往和老人有不同的看法，这种家教理念和方法的冲突也不利于孩子的成长。

因此，如果条件允许的话，家长亲自带孩子或者把老人请来一起住，工作时让老人帮着照看孩子，下班再和孩子亲近。

1. 多抽出时间陪孩子

在工作之余，家长可以多种方式陪伴孩子，如玩游戏、逛公园、看木偶剧等等，既增进亲子感情，促进沟通，还有助于了解孩子的性情变化，及时调整家教方法。工作忙时，夫妻可以错开时间陪孩子，周末一家人一起游乐，享受浓浓的亲情。

2. 说服长辈，统一教子方法

在对孩子的教育问题上，家长应和老人进行充分沟通，说服他们为了孩子的未来放弃宠爱孩子的做法，在家中保持教育方法的一致，并就孩子的心理、性情的变化及时交流意见，制定有针对性的家教方案。

细节 14：用阅读法改变孩子的性情

仙仙是个聪明却不爱学习的孩子，整天和一帮捣蛋孩子呆在一起，偶尔扎扎别人自行车车胎、砸砸邻居家的小窗户，虽然都不是什么大事，但却是小区里人人喊打的“小老鼠”。

“仙仙妈，你家儿子今天又把我车胎给扎了。”邻居王先生推着一辆瘪了后胎的自行车在仙仙家门口喊。

仙仙妈赶紧打开窗户，连连道歉：“真是对不起了，回头赔您一条新车胎。”

“没事没事，小孩子只是淘气一些嘛，咱们小时候不也这样，都理解。只不过……”王先生瞅着自行车后胎，停顿了一下，仙仙妈赶紧问：“不过什么？王先生你有话就直说，一会儿等仙仙回来，我一定好好训他一顿。”

“别别，我是想说，这仙仙的脑子真是够聪明的，这车胎扎的很有水准啊，如果这聪明劲能用到学习上……”

“哎……”仙仙妈叹了一口气，无奈地附和道：“谁说不是呢。可这孩子就是不爱学，课本放在他眼皮子底下，他连瞅都不瞅一眼，你说气不气人。”

“课本孩子当然不喜欢看，全是条条框框的，当年我一看课本就犯困。”王先生笑道：“你可以试着帮他买一些既有趣，知识量又丰富的课外读物，先让孩子对书本产生兴趣，等他开始喜欢读书之后，你再慢慢扩大他的阅读范围，直至他爱上学习、爱上读书。”

“这倒是个好方法。”仙仙妈点点头，突然想起了什么，小声对王先生说：“前两天，我带他去超市，看见他偷偷钻进了图书区，在那翻一本关于动物的童话书看呢。”

仙仙妈说：“我今天晚上就试试这个方法，先给他买几本关于助人为乐的童话书去。”

晚上，仙仙放学回家后，看到桌子上放着两本童话书，大感兴趣，坐下来慢慢读起来。

看到孩子能看得下书，仙仙妈也是挺高兴的，就按照他的喜好又买了几本。几个月后，在她的引导下，仙仙阅读了大量的课外读物，学到了不少的知识，逐渐对课堂内容也产生了兴趣。以往调皮捣蛋的他慢慢变得规矩、礼貌起来，让他的爸妈和邻居们不住口地称赞起来。

曾有教育专家说过“凡是能调皮捣蛋的都是聪明的孩子”，一句话就揭示了这些“不良”学生的本质：他们都很聪明，只是没有用到正地方上。仙仙就一个现成的例子，由以前的“讨人嫌”到现在的好孩子，其变化不可谓不大，谁曾想到促使他大变样的竟然是故事书！

这说明孩子不是不爱看书，只是不爱看枯燥的课本；孩子不是不爱学习，只是没有找对方法而已。小小的故事书竟然拥有如此大的吸引力，改变了孩子的脾性，这是谁都没有想到的。因此，为了孩子能拥有一个优秀的性格，家长多给孩子买些书吧！在采用这种阅读熏陶法前，家长们还需要注意以下三点。

1. 给孩子买他喜欢看的书

鼓励孩子看书，切入点最好是孩子喜欢看的类型，先能吸引住孩子，把孩子拉到书桌前就是一大成功。然后，等孩子的阅读兴趣渐增时，家长可以在满足孩子的需求时，给孩子推荐一些读物，孩子一般都会接受。

2. 教孩子从浅层次阅读向深层次阅读发展

在孩子有了一定的阅读量后，单纯看故事、看情节的浅层次阅读已经渐渐不吸引孩子了，这时，家长可以建议孩子尝试深层次阅读。即在了解其大意的基础上对这本书进行细读，评论这本书什么地方好，什么地方不好，自己可以从中学到哪些有用的知识等等。

3. 引导孩子用学到的知识改变自己

在孩子养成喜欢阅读的习惯后，家长可以向孩子建议，是不是可以把书中的知识用到现实中呢？比如如何接人待物、进行一些科学小实验等等，鼓励孩子学以致用，在孩子体会到这种应用带来的成就感时，其积极主动性会更高，收效也会随之更明显。在这种润物细无声的家教方式下，孩子的气质、性情等都能得到提高和完善。

第三章

孩子的性格形成期，父母如何扮演好自己的角色

在孩子性格初步形成的过程中，父母起着至关重要的作用。常言说得好，有什么样的父母，就有什么样的孩子。这句话不单单指的是长相相像，还包括性格和爱好的类似。由此可见，父母对孩子的影响力有多大。那么，父母在孩子的性格形成期应该做什么呢？在本章中，我们将一一解答。

细节 15：孩子性格，父母“说”了算

晴天是个 13 岁的男孩，学习成绩一般，也没什么不良嗜好，但晴天的班主任却有些担心他的性格会让他在以后的人生路上吃亏。

那还是班主任刚接管晴天这个班级的时候，有一次班上组织志愿者活动需要一个画板，很多同学都说要找块最好的画板，画上最漂亮的画，但晴天却说：“差不多就行了。”从那之后，班主任就经常听到晴天的差不多语言，总觉得这样对他的成长不是很有益处，所以进行了一次家访，想和晴天的父母交流一下。

“晴天学习也不差，差不多就行了。”让班主任没想到的是，她刚把事情向晴天的父亲讲出来后，晴天的父亲便摆着手笑呵呵地这样说道。这下子，班主任算是找到晴天差不多理论的根源了，原来是家庭因素造成的啊。

在孩子的成长过程中，周围的环境是影响性格形成的重要因素，尤其是来自父母的影响，更为显著。如果父母没有当好孩子的引路者，就容易导致孩子出现性格方面的缺陷。那么，父母在孩子的性格形成过程中，应该如何做好导师的身份呢？我们一起听听专家的建议吧。

1. 孩子健全性格的形成，父母缺一不可

孩子在成长过程中接触最多的是父母。父母给予的爱和照顾是孩子健康成长、良好性格形成的基础。在共同生活的时间里，孩子能充分体会到来自父母的关爱，但如果这个时候父母一方或双方因工作、生活琐事等原因忽略了孩子的成长，会使孩子产生“爸爸、妈妈其实并不爱我”的消极情绪。久而久之，孩子有可能变得不自信，甚至无法与周围的人进行正常的交流，导致性格越来越内向。

有些父母还存有“相夫教子是母亲的义务”的老旧思想，所以母亲陪在孩子身边的时间多，而父亲在孩子的印象中就像是一名过客，匆匆来，匆匆去！这样一来，就容易导致男孩子在成长过程中性格像母亲，较女性化，从而缺乏男子汉气概。女孩子因为缺少父亲的关爱，性格可能会出现懦弱、无能的倾向，这对其日后独立生活是极其不利的。

所以，孩子健全性格的形成，父母是缺一不可的。

2. 父母的好性格也很重要

有时候，当父母发现孩子性格方面有不良表现时，应先从自身寻找原因：是不是自己做得不够好？是不是自己在孩子面前不经意间把消极情绪表现出来了呢？我们常会听人说："这孩子的脾气真像他爸妈。"所以说，孩子的性格有一部分是来源于父母的影响。如果想让孩子拥有健康良好的性格，父母应首先改善自己的性格，最起码在孩子面前应表现出良好的性格，让孩子有榜样可学，逐渐形成良好的性格。

3. 蹲下身与孩子平等交流

很多时候，孩子会有这样的经历：和大人们一起逛街购物的时候，面对琳琅满目的商品，大人们津津有味地讨论着，偶尔会问一下孩子的感受，可孩子看到的只是拥挤的人群，那些充满诱惑的商品却不曾映入孩子的双眼。而且，很多时候家长不是真心想问孩子这件商品怎么样，当他们开口发话的时候，其实已经决定了要把这件商品买下来。这时候的家长并没有考虑过孩子的感受，不曾想过要和孩子们平等交流。这样的事情经历多了就会导致孩子性格叛逆，不再把家长的话当回事儿。

细节16：聪明爸妈让孩子常说心里话

佳文的女儿笑笑聪明又漂亮，虽然只是个小学三年级的学生，却"饱读诗书"，是社区里有名的小神童。曾有年轻的父母来问佳文是如何教育孩子的，佳文只是笑着回答道："我和笑笑爸工作忙，没什么时间管她，就从小把她扔到书堆里，可能是书读得多了，了解的知识自然也就多了吧。"

"这样就可以了？"很多家长不太相信她这话，可又觉得很有道理，纷纷表示回家在自己孩子身上试一试。

能被家长们称赞会教育孩子，佳文当然高兴，可在家长们看不到的地方，佳文也在为如何教育笑笑而苦恼着。

“笑笑，告诉妈妈，最近都看了哪些书？”有一次，佳文下班回家看见笑笑正在看书，便想着趁这个机会和她谈次心，没想到笑笑只是抬了抬头，便漠然地回答道：“没什么，和平时一样。”

“是吗？”佳文再一次失望地露出一抹苦笑。笑笑虽然从小就聪明懂事让家里人少操很多心，但她却从不和人亲近，不管问她什么问题都爱搭不理的。佳文从没听她说过心里话，虽然有时候她也会对家里的事情发表一些看法，但佳文觉得那其实并不是她真正想表达的。

笑笑爸妈因为工作忙，从小就把她“丢”进了书堆，虽然在书的海洋中笑笑增长了知识，但和父母却不再亲密，不管妈妈问什么、说什么，她都不想坦率地把心里话讲出来。这对孩子的成长是极其不利的，会使孩子出现消极性格，有可能影响其人生价值观。

那么，我们该如何做才能使孩子坦率地把心里话与父母分享呢？其实，孩子考虑事情是很单纯的，只要父母先迈出一步，努力一把，便能如愿以偿听到孩子的心声。

1. 做孩子最亲近的人

不管是孩子还是大人，想让他们说出心里话的方法都是一样的：先做他最亲密的朋友。

试问，谁会和一个自己不信任，关系不亲近的人进行比较深入的交流呢？只有当我们认可某个人，把他当作知己的时候才有可能把深藏在心底的话讲出来。

所以，父母想要听到孩子的心里话，首先应与孩子建立起信任关系，在此基础上进行沟通、交流。父母还可以把孩子看成自己的朋友，这样的身份更容易打开孩子的心扉，让孩子对你知无不言，言无不尽！

2. 做孩子忠实的听众

若想让孩子学会开口对父母说心里话，做父母的不妨和孩子面对面坐下来，安静认真地听孩子说说话。

孩子能从父母的反应中知道父母是否喜欢听他说话，哪怕只是一件小事，如果父母表现出一丁点儿的倾听意愿，不时的点下头，冲孩子微笑，孩子便会打从心底里愿意和你诉说更多他心中的小秘密。你越“认真”听，孩子就越想同你分享更多的话语。从倾听开始，诱导孩子一点点打开心防，使孩子愿意和你说心里话吧。

3. 批评让孩子“有口难开”

孩子兴致冲冲的想告诉父母今天学校发生了哪些趣事，他们如何捉弄了上课老师；怎么在操场的草坪上打滚嬉闹；为什么总爱扯女孩子的辫子，但父母听到的却不是这些，父母首先想到的是孩子又闯祸了。于是，先把孩子训斥了一番。

其实，不管孩子是不是做了错事，当他想向你倾诉某件事情的时候，批评就像迎头一击，对孩子的打击是很大的。久而久之，当你某天很想知道到底发生了什么事的时候，他可能不会痛快地告诉你一切。所以，批评对孩子来说就像“禁言咒”，如果想要孩子对你敞开心扉、无所不谈，就在他第一次讲述身边“趣事”时耐心听完，再引导他正确分析这件事，不要过早的下结论，认为孩子做了错事而批评他。

细节17：性格内向的孩子不一定就比性格外向的孩子差

阿菜和牛牛不仅住在一个小区，还是同一所中学的同学，虽然两个人是好朋友，但性格却截然相反。阿菜比较内向，和熟人说话都经常脸红；牛牛则比较外向，就算是刚认识的新朋友也能马上闹成一团。

阿菜妈经常对阿菜说：“你就不能向牛牛学习一下？你看人家多会说话，见人就喊叔叔阿姨，多招人喜欢，再看看你，整天低着头像个闷葫芦，以后到了社会上可怎么办啊。”对妈妈的这番言论，阿菜经常是低头不语或者是装做没听到，该怎么样还是怎么样。

在牛牛家，牛牛妈也有烦恼，这牛牛太自来熟了，就连遇到个陌生人，也能高兴地交谈起来，虽然这样的性格对他日后的交际很有好处，但对现在的他来说还是缺少警惕性，万一哪天遇到坏人怎么办！

这天，阿莱妈和牛牛妈在楼下相遇，两位母亲都在为孩子的性格发愁，便坐到一起交谈了起来。

"如果牛牛的性格能收敛一些就好了，我真担心他哪天把坏人当成好朋友领回家。"牛牛妈担忧地说道。

阿莱妈也叹了口气，对牛牛妈说："如果有可能，我倒希望阿莱变成牛牛那样的性格。不管怎样，起码他的社交不会出现问题，可你看我们家阿莱，和家里人说话都怯怯的，这么内向，以后怎么适应社会上激烈的竞争环境？"

"哎，要是两个孩子的性格能中和一下就好了。"牛牛妈皱起了眉头，苦笑着。

"是啊。"阿莱妈附和道。

一般来说，外向性格的孩子交友广泛，更容易在未来路上得到朋友相助获得成功，于是有些父母发现孩子比较内向后就开始担心，怕孩子输在性格上。

其实，父母大可不必过分忧虑，据相关专家研究，其实内向孩子并不会完全输给外向孩子，在很多领域，甚至是内向性格的人更易获得成功。那么，到底应该让孩子内向点好还是外向点好呢？我们来一起分析一下。

1. 性格好不如善思考

人们有一部分性格是天生具有的，尤其是内向性格大多与生俱来，而后天的生活环境则影响着孩子的性格走向，是更加内向还是渐渐与外在环境融合，成为健谈善交际的外向性格。不管是哪种性格，想要孩子在未来获得成功，父母应该做的是锻炼孩子的思维能力，即让孩子多思考。

肯动脑子的孩子懂得审视自己，找到自己的优势，好扬长避短。只要能通过自己的思考找到性格的平衡点，不管是内向性格还是外向性格都能获得成功。

2. 有性格才能成功

父母不要总担心孩子性格不好，怕影响孩子未来的前程。要知道，有性格的孩子才有特点、特色，总有一个领域需要孩子这样的人才，总有一天，孩子会得到认可，获得成功。所以，父母不要总盯着孩子的一个方面，应尽可能全面的看待孩子，了解孩子的短处，更应看到孩子的长处。

细节18：溺爱不利于孩子的性格形成

小天是个可爱的男孩，今年10岁，因为是独生子，爸妈特别疼爱他。走路怕摔着，吃饭怕噎着，恨不能寸步不离的守在小天身边，保护他、爱护他。久而久之，爸妈发现小天越来越难以管教，不仅爱顶撞家长，还很霸道，想要的东西无法得到时就哭闹起来，直到得到想要的东西。

有一次，小天的奶奶带着他去超市买东西，小天在超市看到一个遥控汽车的玩具十分喜欢，就吵着在买，奶奶认为他这类玩具不少便没同意，拉着小天回了家，这下可不得了，小天一直从超市闹到了家，回到家还不消停，直嚷："奶奶是坏蛋，我再也不喜欢奶奶了。""是奶奶不好，奶奶下次一定给你买，好不好?"奶奶也疼孙子，看到孙子这么委屈，又哄又劝，还拿出小天最爱的果冻递到了小天面前。但小天一概不领情，甩手就把果冻拍到了地上。

正巧小天妈看到这一幕，对小天说道："小天，你怎么能这样对待奶奶呢？快向奶奶道歉。"

"不用，不用，小孩子淘气一点不碍事的。"奶奶可不想让宝贝孙子受委屈，连忙阻止了小天妈的训斥，把小天护在了身后，但小天却突然出手用力朝奶奶推了过去，老人家一下子失去平衡，摔倒在地。

小天妈吓得赶紧把老人家扶起来，愁眉苦脸地看向同时吓呆的小天，心里叹气："儿子怎么变成这样了呢?"

就像故事中的小天，因为父母的宠爱渐渐变得以自我为中心，认为只要是自己喜欢的东西就能马上得到，一旦周围人无法满足他的要求，便会霸道、蛮横起来，甚至会做出令家长大为气愤的举动。其实，小天的性格之所以会变成这样，和父母的溺爱有很大关系。那么，怎么才能让父母不溺爱孩子呢？

1. 有技巧地拒绝孩子的不合理要求

溺爱孩子的父母总是担心孩子得到的幸福不够多，怕孩子吃苦受累，于是孩子的一切要求，不管是否合理，父母都会尽可能的满足孩子，丝毫没有原则性。当孩子渐渐发现，自己在家里想怎样就怎样，父母根本不会严格要求自己的时候，孩子就会把握住父母的这一“弱点”，提出一个又一个要求，想要这个想要那个，一不如意就会哭闹起来，甚至满地打滚，直到父母妥协。

一般情况下，溺爱孩子的父母遇到这种情况就会十分头疼，不知道应该怎么解决。其实只要父母在面对孩子不合理的要求时有技巧地拒绝，难题就会迎刃而解。

比如，孩子明明刚吃饱饭，但看到香喷喷的面包时，便嚷着要吃。妈妈可能会说：“不行，你刚吃饱，再吃东西会肚子胀的。”但孩子却不管这些，他也不知道肚子胀到底是怎么回事，他只想吃到好吃的面包。其实，这时候妈妈可以变个法儿，拒绝孩子的无理要求，“面包是好吃，但只有饿的时候吃才最好吃，你现在吃的话，肚子会痛，会生病，到时候妈妈要带你打针吃药，你要是愿意这样的话，妈妈就给你吃面包。”把孩子害怕的东西当成拒绝的理由，有时候是很管用的。

2. 拒绝包办，鼓励孩子自己动手

孩子的事情应由孩子自己决定，父母不询问孩子的意愿，自己决定孩子的一切，想法是好的，想多疼爱孩子，但结果却是糟糕的。十来岁的孩子已经到了可以为自己决定一些事情的年龄，一些孩子完全可以独立完成的事情，父母最好放开手，让他自己完成。比如，洗自己的袜子，自己去超市购买学习用品、自己修理坏掉的玩具等。如果父母一开始不放心，可以在一旁协助，但不要动手帮他完成任务，不要让孩子对父母产生依赖感，这样的话，慢慢的孩子就能独立起来。

细节19：为孩子创造一个和谐快乐的家庭氛围

白冰扬是一名初三的男生，长相清秀，脾气好，学习成绩又不错，很得老师和同学的喜欢，但有一点，让人很受不了——做事小心翼翼的像个老人！

“对不起，对不起，都是我不好……”打扫卫生的时候，白冰扬不小心踢翻了水桶，显得很不安，连连道歉，有男生在一旁笑道：“瞧，又来了，道歉先生！”

而白冰扬只是咬咬唇便忍了下来。

班主任找他谈心，说懂礼貌是好事，但不用太小心翼翼，你们不是朋友吗？朋友之间说话，不用总是道歉啊。

白冰扬低了很久的头，才轻轻点了两下，可开口又是一句：“对不起。”

班主任不由得叹了口气，问他：“你怎么总是先道歉呢？”

白冰扬头低得更低了，犹豫了很久，才很小声的回答道：“很多时候爸爸妈妈吵架都是因为我，所以我觉得自己很没用，如果不道歉的话，万一爸爸妈妈不要我了，该怎么办？”

原来是这样！班主任这才顿悟：原来是家庭原因导致了他这样的性格。

对孩子来说，能让他们依靠的只有父母，父母的一言一行，对他的成长有着极大的影响力。比如说，如果父母的关系不和睦，孩子便生活在不和气的环境中，常期处在淡漠的氛围下，孩子很容易产生恐惧感，对生存充满疑惑，对未来开始不安。孩子可能会想，之前某段时间爸爸妈妈还很和睦，是不是自己做错了某件事或说错了某句话后，他们才开始吵架的呢？在这种深深的自责中，他很有可能自我贬低，潜意识中认为自己是一个不值得关爱，没有任何存在价值的人，这对孩子的未来，是极其不利的。

不过，父母难免有心情不好的时候，这种时刻，我们该如何为孩子营造一个和谐的家庭环境呢？

1. 不要把怒气发泄在孩子身上

很多父母吵架后，都习惯把怨气发泄在孩子身上，可能是父母正在气头上，见孩子们来打扰自己，很自然的就把气发出去了。孰不知，你一时的口快，却在孩子的心中烙下了难以磨灭的伤痕。所以说，不管父母如何不开心，在孩子面前应尽量克制自己的怒火。沉默是金，在怒气最盛的时候，保持沉默是一个不错的方法，既可以避免语言上的伤害，又可以使自己的情绪平静下来。

2. 吵架时不妨让孩子当和事佬

为什么父母吵架可以光明正大的让孩子参与呢？因为当有孩子在场的时候，父母因为对孩子的爱，会尽可能的控制自己的情绪，这样父母心中的怒气就会减少很多，争吵的程度也会降低。

让孩子当和事佬，比其他人更有力度，也更体贴，更是在间接的告诉孩子，在这个家庭中，我们的地位都是平等的。这样的认知，能大大提高孩子的自信心，使孩子明白，我们的争吵并不是你的错，你并不需要自责，使孩子能以乐观向上的积极性格面对人生。

细节20：给孩子一个自由的空间

翔翔妈最近很发愁，愁什么呢？愁她的宝贝儿子！

“你说我伺候他吃，伺候他穿，样样儿看到，样样儿管到，他怎么就这么不体谅父母的心情，总是调皮捣蛋不让人省心呢！”翔翔妈一谈起她的宝贝儿子，就愁得满脸乌云，这天正好她的好姐妹来家里玩，她就开始诉苦了，“而且，他最近还学会上网玩游戏了，一放学就赖在电脑前面不离开，一玩就是好几个小时，我和他爸想了很多办法，最后把他电脑没收，他竟然偷偷跑到网吧去玩，你说这……”

好姐妹叹口气，也说道：“哎，我们家亮亮也一样，天天玩游戏，还和我说，学生压力大，不玩会儿游戏透透气，他会累垮的。你说，他一个小孩子，懂什么叫压力?”

“哎!”翔翔妈忍不住连连叹气，最后狠心说道：“实在不行，我就把他的零花钱扣掉，看他还怎么去网吧玩!”

很多时候，父母都把孩子当成自己的所有物，希望他这样，希望他那样，认为是为了他好，实际上却忽略了孩子的自身感受。父母对孩子过多的限制反而压制了孩子的成长，父母认为是对孩子好，其实不然，孩子更想要的是一片自由的天空，能随心所欲的呼吸到新鲜空气。

但是，孩子对社会还不太了解，父母过度的自由也是不行的，到底什么样的自由才合适呢？其实，只需要一点时间和空间就可以了。

1. 给孩子单独的房间和时间供其支配

如果条件允许，请帮孩子准备一个单独的房间和一段时间供其自由支配，只要无伤大雅，即使父母不理解孩子的某些行为，也不能贸然干涉。在这个房间里，摆放着孩子喜欢的玩具和用具，比如孩子喜欢画画，就准备一张小桌子和几张画纸、画笔，让孩子随时都可以画上两笔。

在准备这样一间房时，父母也可以听听孩子的意见，问问他想要一间什么样的房间作为自己的“秘密基地”。这样，能很直接的了解到孩子的喜好和性格特点，父母掌握了这样的信息，便能因材施教，让孩子朝好的方面发展。

有了这个小房间后，父母和孩子的空间就会有效的隔开，这样就不会在父母的无意识中将不好的影响带给孩子。比如因情绪不受控父母吵架等。这个时候如果孩子能有一间单独的小屋，父母就可以暂时让孩子去房间避避“风头”，等父母的情绪平静后，再把孩子叫出来。您看，这个小房间还是很有用处的吧。

另外，父母需要注意的是，这个空间是属于孩子的。你可以暗中观察，但要让孩子知道，真正能支配房间使用权的是孩子。在这个房间里，他可以做任何事情，父母应做到尽量不去打扰他。这样一来，父母其实是间接为孩子创造了一个独立思考的场所，能帮助孩子锻炼他的思维能力，还能使他精神力更集中。

2. 自由也要有限度，该管还得管

给孩子自由并不是完全对他不管不顾。俗话说“初生牛犊不怕虎”，在孩子的世界里，再凶猛的老虎都是没有危险的，就像可爱的猫咪一样只是一只小动物罢了。如何让孩子知道老虎的可怕之处呢？这就要靠父母了，直接告诉他老虎是危险的动物，招惹了它可能会被一口吃掉，在他知道了这样的规则后，他就对老虎有了戒备，不会贸然接近。

同样，孩子如果想要获得一定的自由也必须遵守相应的规则。最基本的规则就是不伤害自己和他人，在这条规则的基础上，父母可以根据不同情况，制定可以对孩子放下心的规则。有这些规则约束着孩子，父母就可以放手，给孩子自由了。

细节21：为孩子制定一个合理的“家规”

雪妈带着雪儿去参加朋友的生日宴会，赶到的时候宴会上已经来了不少人，有雪妈认识的，也有她不认识的。

“赵姐，这是您女儿吗？长得可真漂亮，今年多大了？”有熟人和雪妈打招呼，看到雪儿后称赞着她。

“已经12岁了，和你女儿比起来，差远了。”雪妈客气道。

对方客气了两句，便走开了，没一会儿，又折了回来，手里拿着一样东西，递到了雪儿的手里对她说：“这是我帮女儿买的化妆品，可惜她自己买过了，正好给雪儿用吧。”

雪儿接了过去，“谢谢阿姨，这个牌子的化妆品听说特别好用，我早就想买来用用了。”

“别客气，那我陪朋友去了，待会儿聊。”对方说完就走了。

雪妈觉得女儿乱收别人东西不太好，可她一想，又不至于因为这种事就教训她，所以也就没吭声，全由着她了。

每个家庭的生活重心都是孩子，父母在面对孩子的时候，多是慈祥友爱的面孔，喜欢称赞和鼓励孩子，但当孩子出现说大不大，说小不小的错误时，父母常常束手无策，到底是该批评还是一带而过呢？

“我们批评了，可是孩子会对着干，根本就起了反效果嘛。”有些父母可能会这样的感触。这也是情有可原的，试想大千世界有着各种各样的人，但每个人都爱听好话，这是人的天性，孩子自然也不例外。甚至，孩子更纯粹的天性使他更爱听赞美的语言。但这并不表示在孩子犯错的时候，我们仍旧用好话对待他。适当的批评是必须的，赏罚分明的“家规”才是对孩子成长最有益的利器。适当的批评能使孩子学会分辨好坏，如果他不肯接受批评的话，父母完全可以用身边真实存在的事例来教育孩子，让他明白有时候批评才是真正的疼爱他。

1. 制定“家规”，不能有求必应

父母因为不想让孩子受委屈，而对孩子有求必应，哪怕是孩子的不合理要求，也会勉为其难的答应。虽然很多时候，父母会用“只此一次”“下不为例”等来要求孩子，但往往下一次，父母还是用这样的话来回应孩子的不合理要求。

次数多了，孩子就“皮”了，再想让他按规定办事就很难了，所以，在孩子开始提要求初期，就应给他制定一个有赏有罚的家规，哪些东西该要，哪些东西不该要，哪些东西可以在达成某种条件后索要，父母都应一一列在家规上，让孩子对未来能得到的东西心有期待，这样当他真正拿到想要的东西后满足感会更大。

2. 执行“家规”要长期坚持

做什么事都害怕“三天打鱼，两天晒网”，这样的结果只能是一事无成，在家庭中也是如此。一旦父母给孩子立了“家规”，就要坚持下去，不能今天想宠爱孩子就违背规定，放弃应坚持的原则，对孩子造成不良影响。

俗话说的好，有一就有二！如果父母破坏了一次“家规”，孩子就会看到“希望”，想尽一切办法迫使父母打破第二次、第三次“家规”，最后变得和定制“家规”前一样，使孩子挂上了“没有家教”的名号。

所以，父母千万不能因为一时心软而放弃对孩子的处罚，当然，当孩子表现好的时候，适当的奖赏也是十分必要的！

第四章

不良性格形成期，父母应注意的6个家教细节

常言道：半大小子，气死老子。成长中的孩子不可避免地会接触到各种各样的不良因素而产生一些不良性格。在面对孩子的不良性格时，父母该做些什么呢？这就是我们本章重点讲解的内容了。叛逆心、虚荣心、懦弱、爱发脾气，这些孩子常见的不良性格，让我们一一来“破解”吧。

细节22：如何应对6岁宝宝的逆反心理

当孩子长到六七岁的时候，自我意识初步形成，不管父母多么注意，宝宝都会经历一次“反抗期”。这种叛逆和反抗心理，因人而异，有些宝宝可能表现的不是很突出，而有些宝宝因为生活环境的因素，逆反性可能比较明显，在面对父母或其他长辈时，常常你说东，他偏往西，就和你对着干。

“宝宝，你看这件衣服多好看，咱们今天就穿这件衣服去上学怎么样？”一大清早，洋洋妈就开始了每天的必修课——哄她的宝贝儿子洋洋穿衣吃饭。

洋洋今年刚升上小学一年级，很多生活习惯都和以前不太一样了，尤其是时间上，必须定时起床，按点到学校，这对懒散惯了的洋洋来说是很头疼的一件事，洋洋妈每天都得提前半个小时开始着手做洋洋的“出行”准备。

但是每次，洋洋妈都进行的不是很顺利。从叫洋洋起床开始，洋洋妈喊他穿上衣，他非得先穿裤子；帮他穿袜子，他却偷偷把穿上的脱下来，让洋洋妈着急。

其实，逆反心理是宝宝的天性，表现越强烈的宝宝自我意识就越强，这样的孩子更勇敢，更有创新精神，将来在社会上更容易做出一番贡献。但如果父母不能正确引导宝宝的逆反心理，使其往积极方面发展，那么宝宝的性格可能会向不良的方向发展。比如，多疑、冷淡、固执等，对成长十分不利。那么，父母应该怎么面对孩子幼儿期的逆反心理呢？

1. 过度保护让宝宝开始反抗

随着宝宝年龄的增长，他的思维和表达能力也跟着提高，对周围的环境有了自己的认知和感受，自我意识渐强，种种变化会使宝宝的独立性越来越强，有了自己的愿望和想亲手做的事情。但父母在对待宝宝的时候常保护过度，担心宝宝在操作过程中受伤而包办代替，久而久之，宝宝找不到自我表现的时机，自然会开始反抗父母。

所以，在孩子六七岁的时候，如果他有自己的想法想要实现，父母不要过多的限制和干涉，应该鼓励其去做自己想做的事情，给孩子表现自我的机会。

2. 家教太严宝宝也易反抗

和包办代替不同，有些家庭的家教非常严格，这类父母多认为“棍棒之下才会出孝子”，所以在和宝宝说话时经常是不考虑宝宝的想法，非常严厉或粗暴的对宝宝做出要求。如果宝宝做不到父母所要求的事情，就会受到严厉的批评或惩罚。这种情况下，宝宝很容易与父母产生对立情绪。

这种情况下，当父母发现孩子逐渐产生反抗情绪时，应及时改变家庭中的不合理教育方式，多听听宝宝的想法。有时候，宝宝的意见虽然幼稚，但却是他们真实的想法，父母在倾听宝宝的想法时应循循善诱为宝宝讲解其中道理，当他能大致明白某件事的道理后就能积极听取父母的意见，从而顺利度过人生中第一个“逆反期”。

3. 父母“黑白配”

当父母在孩子的教育中出现问题时，不妨利用一下“角色扮演”，父母当中，一个扮“黑脸”，一个扮“白脸”，当孩子有无礼行为时，“黑脸”训斥，指出他的不当行为；“白脸”安抚，用较温柔的口吻对孩子讲明其中的利害关系，让孩子明白，“黑脸”所说是有道理的，我们应该听从。父母的这种“黑白配”方法，不仅能对孩子进行教育，还能使孩子在不遭受打击的情况下理解父母的好意。

细节23：如何应对中学时期孩子的反叛行为

“清清，你这裤子怎么穿的，往上提提，都要掉地上了。”周末的中午，妈妈准备午休的时候，看见13岁的女儿从房间里走出来，穿了条牛仔裤，却勉强护住了肚脐，妈妈越看越不雅，就出声提醒她，谁知道她还转了下腰，回答道：“不提，我们班同学都这么穿。”

“你这孩子，怎么不听话呢。还有这脸上，抹的什么啊，才一个初中生，怎么就学街上那些女人们，化这么浓的妆！你是不是早恋了啊！”

“没有，不就是扑了点粉嘛，妈，别大惊小怪的。”

“白的跟鬼似的，快洗了去。”妈妈指向洗手间，清清赶紧往后一跳，说道：“不洗。哎呀，妈，我的事儿你就别管了，天天念叨来念叨去，烦不烦啊。”

“你这孩子，妈还不是为你好。”

“行了，我知道自己怎么样才叫好。”说完，清清甩着头就跑出了家门，妈妈在她身后直叹气，怎么这孩子越来越难管了，说什么都不听。

当孩子步入初中的大门后，他们往往认为自己不再是小孩子了，脱去了稚嫩的小学生的“外皮”，他们觉得自己已经长大成人，可以摆脱父母，为自己作主了。但初中生毕竟还是孩子和学生，在想要摆脱父母的同时，他们又必须依赖父母，在这种矛盾中，他们变得异常敏感，如果父母或外界还把他们当作孩子看待，他们便会感到厌烦，认为来自外界的关心伤害了自己的自尊心，对外界产生了对立情绪，即逆反心理。在家庭教育中，父母可采用以下方法化解孩子的反叛性。

1. 孩子不是父母的私产

大多数父母都把孩子当成自己的私有财产，自己的孩子想怎么管就怎么着，或是想把自己的愿望、理想强加到孩子身上，把他培养成自己想做的那一类型。如果孩子和父母的价值观一样，那么可喜可贺，父母和孩子都能满意。如果价值观不同，可能就不是孩子和父母对着干，而是父母和孩子对着干了。

父母要管教，子女要独立，这就有了矛盾，反抗与压迫自然而然就形成了。所以说，到底是孩子和父母对着干，还是父母在和孩子对着干，首先还要看父母的态度。因此，父母学会理解是很有必要的，只有这样才能积极的教育孩子。

2. 给孩子平等发言权

当孩子的讲话的时候，父母应该认真且耐心的倾听，这是最他人最起码的尊重，哪怕他只是个孩子。只有获得尊重，孩子才愿意亲近父母，听从父母的建议或安排。当然，在孩子发言的时候，父母一定要给予积极的回应，适当的做出一些赞赏的行为。

3. 教会孩子理解他人

当孩子做了错事的时候，父母要做的不是大骂一通，而是告诉他父母的担心和忧虑，让孩子知道父母的责备，其实是爱他的表现。这也是一个教育孩子理解他人的过程，当孩子体会到了父母的担忧和关爱后，再做事的时候就会首先考虑到父母的感受，为了避免父母的担心而谨慎行事。

细节24：教会孩子不贪小便宜

妈妈带着10岁的儿子乐乐去参加朋友的生日宴会，一整天都玩的很开心，可是回到家后，妈妈不高兴了。

“乐乐，这是什么？”妈妈拿着儿子脱下的外套抖了两下，却发现从口袋里掉出了不少东西。

“勺子啊，妈妈真笨，这都不认识。”乐乐笑道。

“可是勺子为什么会在你的口袋里呢？而且……”她把勺子拿在手里摇了摇，说道：“这好像不是咱们家的勺子。”

“还有这把小刀，我记得，刚才在朋友家见过……”她说着说着突然醒悟过来，板起脸来，问儿子：“告诉妈妈，这些东西你是从哪拿的？”

乐乐低下了头，小声说：“从……刚才的阿姨家……”

“你什么时候学会偷东西了！”

“……我没偷……”

“那这些怎么会到你兜里！”

“我……我只是觉得好看……”

“这就是偷！”妈妈大声教训道。

小乐乐低下了头，眼泪在眼眶里打着转儿。

很多孩子在小时候都有顺手牵羊偷拿东西的行为，父母想纠正过来，却往往效果不彰。俗话说，小时偷针，大了偷金。当孩子有顺手牵羊的毛病时，父母若不及时有效的纠正过来，后果可能将不堪设想。那么，孩子的这一行为是如何而来呢？又该如何纠正孩子的不良习惯呢？我们一起来分析下。

1. 明确指出孩子的错误

三五岁的孩子可能只是单纯的觉得某件东西好玩，不知道需要花钱购买，只是因为自己喜欢就拿到了手里。这一时期的孩子道德观念还未形成，无法辨别什么东西是自己的，什么东西是不属于自己的。

这种情况下，父母的训斥往往起到反效果。孩子不觉得自己“偷”了东西，所以不甘心被父母批评觉得自己很委屈，为了发泄心中的不甘，可能会继续“偷”东西的行为渐渐的变成习惯，再想改就不容易了。

这时期，想要纠正孩子的不良习惯其实很简单。只要让他意识到这是“偷窃”，是错误的行为，会对他人带来伤害。当发现他顺手拿了别人的东西后，父母一定不能“姑息养奸”，要明确的指出他的错误并教育他向受害者道歉，赢得他人的原谅。

2. 了解孩子的“偷窃”动机

随着年龄的增长，十岁左右的孩子已经知道什么是“偷窥”行为，但有时候为了满足自己的好奇心或缺乏自制力时，还是忍不住“偷”了东西。这时候，仅是向他人道歉已经不能彻底纠正孩子的不良习惯了。父母想要彻底纠正孩子的这一行为，首先应了解孩子“偷窃”的动机。每个人在做某件的时候，都有一定的动机，孩子自然也一样。

是不是父母一时不察，没有察觉到孩子的需求，而使孩子自己动脑，想从其他的渠道得到自己想要的东西？还是孩子的恶作剧或攀比心作祟，使他想要得到某个物品呢？

在了解了孩子“偷窃”的动机后，父母就可以“对症下药”，改正孩子的不良习惯。如果是孩子的正当需求没有得到满足，而使他动了歪脑筋，父母要多给孩子一些关爱，经常和孩子沟通，了解他的正当需求，及时满足。如果是其他原因导致的“偷窃”行为，父母就要把道理向孩子讲清楚了。不能因为只是偷的小东西而假装不知道，不闻不问，这种纵容态度会使孩子内心自大，占有欲越来越强，越来越爱贪小便宜。

3. **用适当的惩罚改正孩子恶习**

想要纠正孩子的偷窃行为，父母的态度就要强硬一点了，严厉的批评是不可必免的。另外，适当的惩罚也是允许的。比如，当孩子偷了别人的钱被发现后，父母除了要求他向对方道歉，进行赔偿外，还可以要求其用体力劳动“赎罪”，帮助父母做事或做家务，以“偿还债务”。

细节25：如何让孩子不再爱慕虚荣

“妈妈，妈妈，我要买这个书包！”下午四点半，10岁的铃儿一看见学校门口来接她的妈妈，就甩着手里的杂志跑了过去，“看，就是这个书包，粉色的，漂亮吧。”

“你的书包不是刚买的吗？怎么又要买？”妈妈问。

铃儿小嘴一撅，不高兴的说：“我同桌的妈妈都给她买了，我都和她说妈妈也帮我买了，怎么能说话不算话呢。”

“啊？你这孩子，一个书包而已，比什么。”

“不一样，这可是名牌，不管，你一定要给我买，要不然我要被她们笑话了。”铃儿气鼓鼓的说道：“她们天天笑话，我回我也要笑话她们一次。”

妈妈看着她，心想，女儿什么时候有这么强的虚荣心了。

从心理学角度来说，虚荣心是一种性格缺陷，现在有很多孩子也早早的有了虚荣心，希望自己比别人强，别人有的自己也要有，通过贬低他人来获得自己心灵上的成就感。

爱慕虚荣的孩子往往不懂装懂、把自己的能力看得过高；或因家境不错，在强烈的优越感下看不起别人；或是不能接受别人的批评，恼羞成怒后贬低、伤害他人。如果孩子的虚荣心不能及时的遏制，它对孩子的隐性伤害会越来越重，甚至导致孩子产生错误的价值观。

那么，当父母发现孩子虚荣心过强的时候，该怎么办呢？

1. 以身作则教育孩子

很多时候，孩子虚荣心强是受到了父母的影响，父母是孩子接触最多的人，也是孩子的第一任生活、学习导师。如果父母经常和别人攀比，经常在孩子面前说谁穿的是名牌，用的是名牌等类似的话，孩子就会模仿父母的行为，渐渐形成攀比心理。

所以，父母应以身作则，尽量不要在孩子面前做出与他人攀比的事情。还要多注意孩子的心理成长，多和他摆事实、讲道理，让孩子知道想要拥有较高的地位和较好的生活水平，就必须靠自己的努力，用自己的双手去赚取。在必要的时候，父母还可以创造机会，让孩子通过家庭劳动的方式“赚钱”，购买自己需要的东西。

2. 帮助孩子树立正确的价值观

俗话说，胖子不是一天吃成的，同理，孩子的虚荣心也不是一天就形成了，这和家长日常没有注意到孩子的心理变化有密切的关系。

但是，想要纠正孩子的虚荣心并不是立马就能见效的，如果父母能在孩子出现虚荣心的初期就将它遏制，和孩子摆出事实讲出道理，让孩子知道虚荣心是错误的，使他产生正确的人生价值观，等明白道理后，就会对事物有正确的判断，渐渐的孩子就会不再有虚荣心。

不过父母在帮助孩子纠正虚荣心的时候也要学会理解孩子，就算是父母也会有虚荣心作祟而犯错的时候。

细节26：孩子发脾气，查明原因再解决

跳跳妈抱着洗好的衣服去晾，不小心踢到了跳跳摆在地上的卡片，她刚想说抱歉的时候，跳跳就从地上一跃而起，叉着腰大声尖叫起来：“我的卡片，妈妈赔我的卡片。”

“妈妈是不小心踩到的……”

“我不管！妈妈赔我卡片，快赔快赔……”一说嚷着，他竟然扑通一身又坐回了地板上，往后一仰，打起滚来了。

跳跳妈这下不知道怎么办了，不就是一张卡片吗，怎么生这么大的气呢？她马上哄道：“妈妈赔，晾完衣服就赔，好不好？”

“不好，现在就赔！马上！”

“你这孩子，怎么乱发脾气，不准再闹了，妈妈要去晾衣服了！”

“不让！就不让！”跳跳躺在地板上，双手抱住了跳跳妈的脚脖子，依旧大声的哭闹着。

跳跳妈很是苦恼，孩子脾气越来越大，经常胡搅蛮缠，又哭又闹，照这样发展下去，会对他的以后造成严重影响的。

在解决孩子爱发脾气的问题之前，父母应该先了解一下，孩子发脾气都是什么原因引起的。因为有些原因是孩子也无法控制的，如果贸然批评、训斥，会使孩子心灵受到伤害，进而影响到性格发展。

1. 查明原因，对症下药

和大人一样，孩子也有情绪周期，有些孩子只是单纯的在某一时间段情绪落入低谷，而以乱发脾气来排挤心中的不良情绪。这时候，父母可以安排孩子进入一个安静的环境中，或者让他做些喜欢做的事情，以转换心情。

另外一些爱发脾气的孩子则是比较调皮，喜欢以这种方式来吸引别人的注意，人越多，越大声尖叫做恶作剧，对于有这样行为的孩子，父母应给予一定的惩罚，例如面壁思过。待孩子冷静下来后，再告诉他他的行为有多让人讨厌，孩子都不希望自己是不受欢迎的，这样说多半能取到好的制止效果。

2. 不要和孩子真生气

当孩子乱发脾气的时候，父母最忌讳的就是把握不住自己也真的发起火来，伤人又伤己。如果孩子真的不想做某件事时，父母一定不能强硬的要求他继续，但也不能放弃。父母可以让孩子把注意力先放在其他事物身上，待他情绪缓和后再循循善诱，和孩子讲明道理，使他认清自己的错误行为，主动认错并按照父母的安排去做。

如果孩子脾气很大，父母一时半会儿不可能稳定住他的情绪时，千万不要和他争执不休，甚至对他动手。父母完全可以任孩子把脾气发出来，等他哭够了闹够了，再诱导他把发火的原因讲出来。很多时候，父母越是哄劝，孩子哭闹的越厉害，当你对他不管不顾，他哭一阵也就停下来了。

细节27：“英雄”爸爸让孩子不再懦弱

小草今年12岁，夏天刚升入初中一年级，小草爸妈一高兴，买了一大堆学习用品放在书房，打算让小草慢慢用，可是开学还没两星期，小草就说没有练习本用了，要买练习本。

“我记得书房柜子里还有很多啊，这么快就用没了？”小草爸问。

不知怎么回事，小草听到他的问话，突然把头低了下去，轻轻点了点头。

小草爸觉得奇怪，小草平时用东西挺省的，怎么这次就用的这么快了？难道是初中生消耗高？

疑问虽疑问，小草爸确定柜子里真的没本子后，第二天又买了十几本放进了柜子里，可没几天，小草又支支吾吾说没本子用了。

这下，小草爸真的觉得不对劲了，问她本子怎么用没的，她也不说，问急了，就哭。没办法，小草只好偷偷去学校询问情况，这一去可吓了一跳，原来小草的性格比较内向，还有些懦弱，在学校里总受欺负，她的本子都被同学们拿走用了。

小草爸气得要找校长理论，小草却低着头一声不吭的拉住了他的衣角不让他去。

小草这个样子，明显就是性格懦弱、胆小怕事。在学校受欺负却不敢和家里人说，当爸爸发现后，她却因为害怕而不想让爸爸把这件事告诉学校，这样的孩子平时沉默寡言，忍耐性强，情绪却容易消极。

一般来说，孩子的性格是属于内向还是外向和先天有较大的关系，但胆小怕事却是后天形成的。没有人天生就是个胆小鬼，孩子之所以胆小、懦弱，大都和父母的不当教育以及生活环境有关。

据美国心理学家研究，一个人童年胆小性格得不到有效解决的话，那么他长大成人后，性格也往往比较懦弱，不合群、不善与人交际的性格将严重影响到他的人际关系和职场生涯。那么，到底该怎么纠正孩子胆小怕事的性格呢？

1. 别把孩子扔进“精英”堆儿

有些父母认为“近朱者赤”，想要改变孩子胆小怕事的性格，应该把他放在“精英”伙伴的旁边。这些伙伴外向、大胆、十分有主见，做事利索，从不拖泥带水。父母希望自己的孩子成长为这样的“精英”，但在这样强大的伙伴面前，性格懦弱的孩子往往后更加自卑，更不爱说话和与人交往。

父母应该鼓励孩子多与自己合的来的伙伴来往，而不是指定哪些伙伴可以来往，哪些伙伴绝不能接触。过多的干涉只会使孩子越来越内向，不愿与人交往。

2. 适当锻炼孩子的勇气

父母不应只看到孩子胆小的一面，还要看到他的优点，利用他的优点慢慢锻炼他的胆量。我们常说“兔子急了还咬人呢。”人类也是如此，不管是大人还是孩子，再胆小的孩子也会有发飙、胆大的时候。父母如果能抓住这一时机就能利用这一点锻炼孩子的胆量和勇气，使其胆子变大。

另外，对于孩子勇敢的行为，父母要及时表扬或予以鼓励，不应打击或嘲笑孩子的行为，这样会伤害孩子的自尊心，让他觉得反正我做什么都不会变得勇敢，干脆把自己“藏”起来。所以，想要孩子变得胆大，父母的支持和鼓励是十分重要的。

3. 放大父亲的英雄形象

有研究表明，缺乏父爱的孩子更容易懦弱、胆小。这是因为，在孩子的眼中，父亲的角色有时候就等同于英雄，向往英雄、崇拜英雄是每个孩子都会有的情怀，如果成长过程中缺少父亲的关爱，或父亲的性格也比较懦弱，就会影响到孩子的性格，使其变得自卑和懦弱。

所以，日常生活中，父亲应多陪伴在孩子身边，多让孩子看到父亲英勇、能干的一面，放大父亲的英雄形象，慢慢影响孩子的性格。

第五章

让孩子快乐成长的9个家教细节

十来岁的孩子是情绪由心的时期，遇到开心的事情就大笑，难过的时候就哭个不停。虽然这是孩子的天性，但若父母没有教育孩子如何调节或控制自己的情绪，对孩子的性格的健康成长也会很不利。如何才能让孩子拥有快乐的童年，以塑造其良好的性格呢？本章针对影响孩子快乐成长的几种常见问题给予了相应的解决方案，供家长们参考。

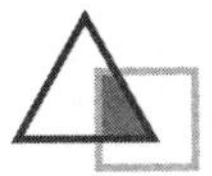

细节28：培养孩子乐观开朗性格的3种方法

王妞是一名初中女生，前两天学校进行了期中考试，考完后她就魂不守舍，总觉得自己考砸了，心情郁闷的吃不下饭，睡不好觉，害怕成绩单发下来。

有同学问她怎么了，她说："我肯定考砸了，有好几道大题我都是胡乱写的答案，万一成绩发下来，妈妈会骂死我的。"

同学拍拍她的肩膀，说道："你妈妈好像没那么凶吧，而且你的成绩不是一向挺好？偶尔一次阿姨不会生气啦。"

"你不懂的，就算我妈不生气，我也会生气，我真没用。"

"……"王妞的朋友吓了一跳，盯着她看了半天，突然摆摆手说有事，自己先跑走了。

而王妞还在那里郁闷，越想越消极。

一场考试而已，竟然在王妞的心中有这么大的份量，没考好就否定了自身的存在价值，是错误的想法。人生事十有八九不如意，孩子正在成长期，如果父母不对孩子进行正确的指导，那么孩子很可能就会像王妞一样否定自我，陷入沮丧之中。

那么，父母该怎么做才能让孩子乐观向上的健康的成长呢？我们不妨一起来看看专家的意见。

1. 父母常笑孩子才乐观

都说父母是孩子的第一任老师，老师教得好，学生才能成材。想让孩子成为一个乐观开朗的人，父母的性格就应该是积极向上的。气氛沉闷的家庭环境会带给孩子一些不良的影响，试想一下，在一个充满敌意，没有欢声笑语的家庭里，就算是大人也会心情郁闷，何况是孩子呢？只有在充满爱的环境下，孩子才能自信、自立、培养出乐观积极的生活态度。

所以，为孩子营造一个和谐有爱的家庭环境是让孩子健康成长、拥有乐观心态的首要条件。

2. 多培养孩子的兴趣爱好

广泛的爱好能使孩子在受到打击或挫折时的消极情绪得到有效转移。不管内向还是外向的孩子，父母都应该培养其多几项兴趣爱好。当孩子遇到不顺心的事情时，父母可以和孩子一起做他喜欢的事情，比如画画、读书、看电视等，当注意力得到转移，孩子的不良情绪就会得到慢慢排解。

3. 勿管教太严，让孩子多交朋友

父母要多鼓励孩子和不同年龄段的人交谈、做朋友。尤其是当你的孩子情绪低落的时候，做父母的要让他多和性格开朗的伙伴相处，让对方的乐观心态逐渐感染孩子。孩子性格悲观，有很大一部分原因是因为孩子没有朋友的陪伴，感觉孤独无助。如果孩子能有几个相处融洽的知心好友，在孩子心情郁闷而父母又无暇顾及的时候陪在孩子身边，他们就会对孩子有很大的帮助。

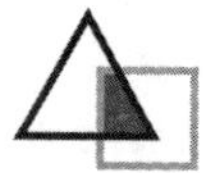

细节29：如何预防孩子的自闭倾向

小学六年级的乐宝宝最近在学校不仅性格沉闷，还越来越不爱说话了，而且有时候老师上课提问题让他回答，他都支支吾吾说不出来，但是做试卷的时候，他的答案却很正确。

“是不是我提问声音太大，吓到他了？”老师不禁自问。以后再提问问题的时候，语气便柔和了很多，但这样也没让乐宝宝亲口把问题回答上来。

而且，乐宝宝的情况一天比一天严重了，到后来，乐宝宝在学校里基本不和同学来往，也没听他开口说过话，老师觉得这太不正常了，就把他带到了学校的心理咨询室。

通过检查，心理老师说乐宝宝很可能患上了自闭症。老师吓了一大跳，赶紧和宝宝的父母联系，这才知道，原来乐宝宝的父母前段时间刚刚离婚了。

经过专业的心理师的检查、分析，最后确认，乐宝宝的的确患上了轻微的自闭症，主要和缺乏来自父母的关心造成的。乐宝宝的爸妈听到结果后，十分自责，虽然知道父母不和会对孩子造成影响，但没想到影响会这么大。

据统计，6～14岁的孩子患上自闭症的概率成人高得多。当孩子患上自闭症后，与他人沟通的能力便会下降，社交出现障碍。自闭孩子语言能力较差，不能和他人进行正常的语言交流。有些孩子本来语言能力较强，但患上自闭症后，语言能力也会出现倒退现象，与人沟通出现障碍。还有些孩子在患上自闭后，智力也会大幅度下降，表现出低智商、零思考等症状，对孩子的成长发育十分不利。

那么，当父母发现孩子有自闭症的征兆时，该怎么办呢？我们一起来看看专家的建议吧。

1. 陪伴在孩子身边，多鼓励他开口说话

自闭症又叫孤独症，不管是成人还是孩子都可能患上自闭症，但在家庭不和谐的孩子身上更易出现，多发生在儿童早期，常表现为儿童情感、语言、思维等多方面行为发育障碍。

当家庭出现问题，如夫妻不和、家庭暴力等情况时，孩子长期压抑自己的情绪，再加上不知道怎么向他人寻求帮助，很容易将真实感情封闭在自己内心深处。慢慢的，孩子就有可能不知道如何和别人交流了，以至于丧失语言能力，产生自闭性格。

这种时候，父母要经常陪伴在孩子身边，主动和他沟通交流，谈一谈他最近的学习情况，或者是问问他最近又学到了什么新本领，总之，想尽一切办法让孩子开口和你说话，而且是心甘情愿的主动和你聊他的事情和心事。如果孩子愿意和你交流并将心里话讲出来，这表示他已经渐渐远离了自闭的大门，只要父母再多关心他一点，多鼓励他开口说话就可以起到事半功倍的效果。

2. 寻求专业人士的帮助

患自闭症的孩子，不管是生理还是心理上，都和正常孩子有着巨大的差距，情况较轻的时候，父母还能和孩子进行简单的沟通，但当孩子已经完全封闭自己的内心，不愿意同身边人有所交流时，父母就束手无策了。而专业心理治疗师有丰富的治疗经验，把孩子交给他们，更专业，更能放心。

3. 别让高楼大厦束缚住孩子的心

大城市里，全是高楼大厦，在这样的封闭空间里，孩子玩耍的本性受到了抑制，这样的环境中，难免生出阴郁心理。所以，父母应多带孩子去户外玩耍，并鼓励他和朋友们走出高楼，多享受阳光下玩耍的快乐。

细节30：能坦然面对现实的孩子更易得到快乐

七月正是酷暑时期，10岁的儿子朋朋一进家门就对妈妈说："妈妈，快给我拿根雪糕，热死我了。"

妈妈笑呵呵地从冰箱里拿出一根雪糕，顺带着把一块毛巾递到了他的手上，"先擦把脸再吃。"

"谢谢妈妈。"儿子很高兴地接过毛巾在脸上抹了一把，然后举起雪糕，开心的吃了起来。然后妈妈就去厨房忙了，可没一会儿，外面突然传来儿子"啊"的一声惊叫，妈妈心里一惊，赶紧跑出来问："朋朋，怎么了？"

"雪糕掉地上了。"朋朋委屈地说道。

"这样啊，那妈妈再给你拿一根？"妈妈试探地问道。

但没想到儿子没有露出欣喜的表情，反而垮下脸，十分执拗地看着地上的雪糕说道："我要吃雪糕！"

"可是它已经掉到地上了啊。"

"我不管，我就要吃这根雪糕！"儿子大声嚷嚷着，完全不管他想吃的雪糕已经掉在地上，快化成水儿了。

当意想不到的问题出现时，孩子的承受力往往有限，这时，他们常用"刁难"父母的方式去逃避困难，如一定要让父母帮他们将物品还原，而坚决不肯面对真实等。

如果父母纵容孩子的这一不良行为，以后再出现类似问题的时候，孩子仍会想着依靠父母去逃避现实，最后成为一个离不开父母的“寄生孩子”。那么，当孩子不愿意接受现实时，父母应该怎么做呢？儿童教育学家建议：不接受也得让他接受，只有接受了才能改变现实，才能更好地成长。

1. 让孩子明白世界上没有完美的东西

孩子压力过大时就会想要逃避现实，不希望这个世界有任何不完美的事情发生。但这是不可能的，如何将沉溺于幻想世界中的孩子带到现实，就是父母的责任了。

首先，父母可以先想办法让孩子通过哭、嚷等方式把压抑在心里的不快发泄出来。这时因为当孩子哭出来的时候，往往是因为看清了现实的不如意，才伤心难过。然后，父母再告诉孩子，世界并不是完美无错的，任何一个人，一个事物都有优、缺点，我们要看到优点，但也不能忽略缺点，在温和的讲道理中让孩子真正理解并接受。

2. 教孩子做一个坚强的人

每个孩子都会面对很多不愿意接受的现实，比如不能尽情的玩耍、上学就要早早起床、成绩不好等等。这些在父母眼中可能只是一些小事，但在孩子心里，却是大事了。

所以，想要让孩子能坦然接受现实，培养孩子的坚强性格是很有必要的。父母可以有技巧性的对孩子施以语言暗示。

细节31：让孩子遇事不再悲观

黄胖胖是一名初三的学生，本来性格开朗，是个爱说爱笑的大男孩。但最近不知道是不是初三学习压力太多，他总流露出一种对生活绝望的神情，见人就说活着早晚也要死，这么拼命做什么。

这天，黄胖胖没去上学，而是在家里睡懒觉，黄爸爸发现后，来到他房间关心的问："儿子，怎么没去上学？生病了吗？"

黄胖胖没回答，不耐烦地翻了个身，躺床上继续养神。

"怎么不理爸爸，真生病了还是装病？"

黄胖胖见躲不过去了，便支着身子坐了起来，懒懒散散地回答说："反正我成绩又不好，再学也比不过年级第一名，还不如在家睡觉，反正人早晚都是死，学不学东西有什么区别。"

"儿子你怎么这么说呢？做人不能太消极啊。"

"没消极，讲事实而已。算了，在家也睡不好，我还是去学校打混吧。"说完，气恼地甩了甩头，在黄爸爸开口之前，从床上跳下来，穿好衣服，拎着书包出了家门。

生活中，当孩子遇到麻烦就往坏处想，而看不到事物美好的一面时，就说明他出现悲观消极的思想了。这是孩子由于年龄、阅历等缘故，对自身的能力认识不足，面对问题时走入思维的误区所致。因此，父母在和孩子交流时，应帮助他正确认识自己，了解自己的能力，相信自己，相信生活的美好。具体来说，父母可以采取以下方式帮助孩子摆脱悲观的思想。

1. 让孩子明白"世上美好的事物总比丑陋的事物多得多"

孩子也有可能是因为看多了社会的负面事情，而产生以偏概全的印象，再加上遇到难题时的挫败感，种种问题叠加到一起才产生了悲观感。这时父母就要多带孩子出去玩，让他体会自然的美丽，多和孩子讲社会上的感人事迹，让他看到世上的温情，多领孩子四处走走看看，让他看到自己身处的城市、家乡的新变化，亲身体会到美好事物无处不在。更重要的是，父母可以在适当的时候引导孩子认识到：我们的这个世界也有不足的地方，但是这并不能掩盖花儿的美丽、阳光的灿烂。

2. 帮助孩子正确认识自己的能力

很多孩子在遇到麻烦或挫折时，就会有种挫败感，对自己的能力有些质疑，而事实上，真正的原因往往是孩子没有能正确发挥自己的能力，如做事不讲方法而事倍功半，浅尝辄止没有继续坚持就认为自己的能力还较低，克服不了就会比较沮丧悲观。这时，就需要家长帮助孩子正确认识自己了，如可以通过一起努力引导孩子“再坚持一下”“换种方法试试”等，再加上家长告诉孩子自己小时候面对类似难题时的感受和解决之道，就会让孩子逐渐醒悟过来：哇，原来我的本事还是不小的嘛！悲观情绪自然消失的无影踪了。

3. 让孩子享受成功的喜悦

当孩子做事总是笨手笨脚的时候，他很难把自己看成是会成功的人，这样，他的自信心就是降低，各种悲观想法就会从大脑里一涌而出，使他更加没有自信，陷入恶性循环。所以，多让孩子体会到成功的喜悦，是孩子获取自信心的最佳方式。

父母可以故意安排一件容易的事情让他完成，并暗示他这是一个艰巨的任务，除了他其他人都不能完成。父母的信任会使孩子信心加倍，获得成功后的成就感也就越大，悲观情绪就会离他而去。

细节32：孩子性格太内向需防抑郁

苹苹妈和邻居聊天的时候说起了孩子的性格问题。

邻居很苦恼的对苹苹妈抱怨道："哎，我真不知道现在的孩子都是怎么回事了，你说只是性格有点内向，怎么突然就得了抑郁症呢。"

原来，邻居家的女儿兰兰前几天刚发现患上了抑郁症，一家人急得到处找心理医生咨询怎么治疗这个病。但是兰兰平时是个挺乖巧的女孩，虽然总是低着头走路，显得有些腼腆，却没想到会患上这种心理疾病。

"难道抑郁症和性格内向很有关系？"苹苹妈忍不住问。

邻居也不太清楚这两者的关系，只记得当时医生说过，是因为兰兰性格过于内向，心里的郁结难以抒发，才导致抑郁症的产生。

她似懂非懂的点点头，说："好像太内向的话，就有得这个病的可能。"

"那我也得多注意点我们家苹苹啊，她的性格你知道的，自从上了初中，就越来越不爱和人说话了，见个陌生人都脸红的往人身后躲，别也得上这病，让大人替她们着急、发愁啊。"

"就是，这么说来的话，你家苹苹的性格，确实和兰兰挺像的，你可得注意点，免得到时候着急上火。"

"嗯，谢谢你啊，我这就回去观察一下她去。"苹苹妈说完，就和邻居道别，回了自己家，上网找了一大堆资料，研究自己的女儿到底有没有抑郁性格的倾向。

难道，孩子性格内向，真的会得抑郁症吗？其实不然，只不过性格太内向，患抑郁症的可能性会大大增加，使孩子把自己封闭在自我的世界中，难以与现实中的人来往。

有心理研究表明，性格过于内向、不爱说话，喜欢独来独往的孩子，比其他孩子更易患上抑郁症。性格内向的孩子内心世界敏感且脆弱，性格比较软弱，当在生活中遇到挫折时，常表现得很无助、手足无措，找不到可以帮忙的人，也不愿意和他人分享自己心里的苦闷，时间一长，自然而然的就会感染上抑郁的“病毒”。

那么，如何才能避免性格内向的孩子患上抑郁症呢？专家认为，家长可以采取以下两点应对措施。

1. 放松心情赶走抑郁

抑郁症的产生多由压力过大、家庭不和等有关，属于心理疾病。而性格内向的孩子在无法排解心里的压力时，就有可能产生抑郁性格。所以，当父母发现孩子过于内向，和他人沟通渐渐出现障碍时，就要考虑如何缓解孩子的这一情绪，让他远离抑郁性格了。

父母可以帮忙孩子放松心情，当孩子的心情愉快时，不良情绪就很难出现，是对抗抑郁的绝佳方法。当孩子不太愿意说话时，父母应该鼓励孩了做一些能放松心情的事情，比如听听音乐，参加一些户外运动等。

2. 不要以敷衍的态度对待孩子

孩子在遇到困难或挫折的时候，最先想到的就是父母，如果父母在孩子寻求帮助的时候敷衍了事，对他们说，这没什么，或是你大惊小怪了。而这些话并不是孩子想听到的答案，他们想让父母在这个时候拉他们一把。因此，父母应在孩子有需要的时候，及时伸出援手，倾听他们的苦恼，给予帮助。

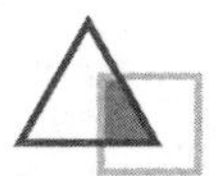

细节33：培养孩子一切向前看的性格

健康成长的孩子应该是用乐观的眼光看待问题的，他们的眼睛始终盯着前方，不管遇到什么艰难险阻，哪怕一时半会解决不了，也不会让自己陷入困境，而是相信只要自己能向前看，以后就一定可以解决问题，走出属于自己的精彩人生路。

父母教孩子向前看，并不是单纯的让孩子看向前方，而是包含了他们对孩子的爱和希望，希望孩子不被挫折打败，不走回头路。而生活中能做到向前看的孩子，一般都比较有主见，也更容易在未来获得成功。在家庭中，父母如何教孩子学会向前看呢？以下两种方式可供参考。

1. 改变教育的方式和思维模式

“我怎么什么也做不成呢？”

“我到底有什么用？”

“哎，今天又做错事了，到底该怎么办呢？”

“我真的有这么笨吗？连这点儿小事都办不好！”

11岁的小豆豆最近遇到了很多烦心事，不是丢三落四，就是把同学的水给撞翻了，还有一次，他在自己的座位上坐的好好的，也能撞到旁边的同学，害得同学把手里的泥塑像给摔碎了。

“妈妈，我怎么这么没用呢。”连番受到打击的小豆豆回到家就栽进了妈妈的怀里，一阵痛哭。

妈妈耐心的听完他的诉说，蹲下身拍着他的背安抚道：“豆豆不哭，这是好事儿啊，有什么难过的。”

“这么倒霉也是好事吗？”豆豆抽泣着问。

“对啊。”妈妈和蔼的看着他，抚上他的头，笑着说道：“你想想，福祸相依是说什么的？”

“幸福和祸事是挨着的。”这个词豆豆学过，很快就回答了出来。

妈妈点点头，说道：“对啊，所以，坏事已经要结束了，接下来你要面对的，可就是一个个的好事情了。”

“真的吗？”

“当然。”

听了妈妈的话，小豆豆的情绪马上得到了好转，很希望这一天赶紧过去，好迎接明天即将到来的好事情。

父母的教育方式和思维模式对孩子的影响力是不可低估的，如果父母的思想观念比较僵化，在孩子遇到挫折的时候，不能及时给予积极向上、向前看的正确建议，孩子的性格也会因此变得消极，在面对困难的时候，就没有了向前冲的动力和勇气了。

所以，父母在教育孩子的时候，可以尝试多种积极的教育方式，找到最合适孩子的方法，培养孩子一切向前看的积极人生态度。

2. 教孩子学会积极的自我暗示

浩浩是一名12岁的男生，最近他把好朋友最喜欢的玩具弄坏了，见朋友没发现，就偷偷逃回了家，但他总觉得良心不安，每天心情都很郁闷，想去承认错误但又怕对方不原谅他，到时候自己岂不是很没面子。

可他又觉得再这样下去也不是办法，自己的心情肯定会越来越差的，于是他就找到了爸爸，对他说出了这件事的经过，强调自己并不是故意弄坏朋友的玩具的，然后问爸爸："反正他也没发现，我是不是不用道歉啊。"

"做错了事情就得认错，当然要去道歉。"爸爸很肯定地回答道。

"但是……"浩浩吞吞吐吐地说道："他要是不接受我的道歉，我们就做不成好朋友了，然后我们以后就会变成仇人，再也不会在一起玩，也不会再说话，我不想变成这样。"

"你怎么能这么想呢。"爸爸很惊讶地看着他，没想到儿子的心态竟然这么消极，他得及时纠正过来。

于是爸爸说："你要多向前看看，不要把事情想得那么悲观。你可以告诉自己，你朋友一定会原谅你的，因为你是这么勇敢，主动承认了自己的错误。你一定要在心里对自己说，他一定会原谅你的。"

"真的……会吗?"

"你可以不停的在心里这样对自己说：他会原谅我，他会原谅我……那么，你一定会拥有去道歉的勇气的。"

这位爸爸培养孩子积极心态的方法我们可以称之为"自我暗示法"。也就是教会孩子，凡事要往好处想，天塌下来，还有地撑着呢，一两个小小的挫折，无需惧怕。

法国卢梭曾说："除了肉体的，痛苦都是人想出来的"。由此可以看出，那些因为遇到困难就担心害怕、烦恼不已的孩子们，都是在自寻烦恼。父母作为成熟的大人，应该帮助其正确认识这些烦恼，用自我暗示的方法，增加孩子凡事向前看的积极心态。

细节34：让孩子在劳动中得到快乐

华铃今年已经10岁了，但一点也不会照顾自己，偶尔一次想自己洗次袜子，还把水盆打翻，不小心摔了一跤。从那以后，妈妈就禁止了华铃的一切劳动权利。

“妈妈，明天学校要去郊区种菜，你说我种点什么好呢？”这天一放学，华铃就高兴的跑到妈妈身边，抱着她的腰撒娇道。

妈妈一听，急了，忙问：“能不能和老师说不去了？”

“为什么？同学们都说很好玩。”华铃撅着嘴脸上的笑容渐渐不见了，“你都不让我在家里干活，同学们知道我连自己的袜子也不会洗，笑了我好几天呢。这次我要是再不去，他们肯定又说我娇气了。”

“郊区路不好走，很容易摔倒的。而且种菜也挺麻烦，万一受伤了怎么办？种东西要施肥洒农药，真让人担心。”总之，妈妈的意思就是不想让女儿去受罪。

这时候，爸爸正好下班回来了，华铃委屈的跑过去，抱住爸爸的腿说道：“爸爸，我想去种菜……”

“爸爸支持你！”了解了前因后果后，爸爸替她做了主。

妈妈想阻止，却听爸爸转过头来对她说：“老婆，上次只是铃铃不小心才摔了自己，这次有老师和同伴们一起呢，你就让她去吧，多运动运动，不仅对她的身体有好处，对她的心灵发育也是很有益的。”

妈妈没办法，只好不甘心的答应了下来，当天晚上，为女儿准备了一大堆应急物品，吃的、喝的、用的，应有尽有，就怕拉下了什么东西，苦了女儿。

劳动是我国传统美德，热爱劳动的人性格更开朗，但现在的孩子大多是独生子女，被父母捧在手心里，洗衣、打扫等家务活从来不愿意让孩子插手，怕孩子受伤、受累。孰不知，这样一来，孩子就无法体会到劳动的快乐，而十来岁的孩子正是性格形成的关键时期，如果孩子连劳动都没有接触过，对他的性格形成是很不利的。

所以，作为父母，不应剥夺孩子劳动的权利，相反还应鼓励孩子多参加劳动。那么，父母到底该怎么做，才能让孩子体会到劳动的快乐呢？

1. 从小锻炼孩子的动手能力

当孩子能爬行的时候，动手欲望就会慢慢强烈起来，看到什么东西，都想亲手碰一碰、动一动，尤其是吃饭的时候，对食物的好奇和欲望会使孩子想亲自动手拿勺握筷。但父母总担心孩子把握不好，要么烫着自己，要么就是把饭菜洒得到处都是，很难收拾。所以父母在孩子小的时候，一般都不让孩子自己动手吃饭。

这样一来，父母总是又哄又劝地喂着孩子，会让他对父母产生强烈的依赖心理。日后自己能做的事就也不想亲手去做了，心里会想“反正爸爸妈妈会为我做好的。”。

其实，父母完全可以想开点，不要担心孩子会把饭送到鼻子里，正所谓熟能生巧，如果不能让孩子经常练习，何来的熟，何来的巧呢？而且，当孩子自己吃完一顿饭，亲手洗出一双袜子的时候，他内心的快乐和自豪是父母包办代替完全不能相比的。为了让孩子能更快乐的生活，父母还是尽早培养孩子的动手能力吧。

2. 根据孩子的兴趣安排劳动任务

有专家指出，动手能力强的孩子，大脑发育更发达，更能成为一个聪明的人。而且在做自己想做的事情时，孩子的动手能力则最强，更能感受到劳动的快乐和成就感。

所以，父母在培养孩子的动手能力时，可以根据孩子的兴趣安排工作。比如，孩子喜欢画画，那就安排他去收拾画具，整理画册等。在看到自己喜欢的事物时，人本能的就会感到愉悦，在这种情况下进行劳动，能起到事半功倍的效果。

另外，当孩子完全一项劳动任务时，父母不要吝啬自己的夸奖，大声的称赞孩子，将会使他更热爱劳动，这也是孩子在付出劳动后得到的最好的回报。

细节35：教孩子学会用微笑待人

志标和玄玄都是八岁的男孩，今天，他们在父母的聚会上相识了，脾性相投的两个人很快就玩到了一起，你一言我一语，讲着身边发生的有趣事。

两家父母见两个孩子玩得这么开心，就把他们扔在了一边，自己去和好久不见的朋友们聊天去了。

可没过多久，两对父母就听到了志标和玄玄大声争吵的声音。先是志标朝玄玄吐了吐舌头，一副十分鄙视他的样子，玄玄似乎很生气，看见旁边摆着几块蛋糕，抓起来就扔向了他。结果志标头上身上全是蛋糕污渍。

"你这个笨蛋，明明就是我说对了，竟然吐我！"玄玄很不服气地瞪着他。

志标一边抖落身上的蛋糕，一边气急败坏地说道："我的答案才是最准确的，你那是胡说八道。"

两个孩子各执己见，当两边父母跑过去的时候，两个孩子都动上手，快掐起来了。父母也不问到底是什么原因，先把两个孩子分开，各自训斥了一遍，相互道歉后，拉着自家孩子回家去了。

这个故事中，先不管孩子的行为到底对不对，首先父母的解决之道就有些问题。当孩子与为相处发生争执时，父母应该问清楚事情发生的经过，再根据孩子的诉说想到最合适的解决办法，而不是匆匆道歉，各回各家就结束了。

八九岁的孩子还不善于控制自己的情绪，遇到不顺心事情很可能会出现发脾气、哭闹、打骂等不理智的行为。父母该怎么做，才能让孩子和平的与他人相处呢？

1. 微笑法则，永不落伍

在教孩子笑对他人的时候，父母要把笑的好处清楚地告诉孩子，让他知道，笑的魅力是世界上事物都无法相比的。当孩子学会微笑后，再教他用笑容控制心里的不良情绪，不要轻易与人发生冲突，要和善的对待每一个人。

当然，父母也可以告诉孩子，当孩子的朋友发生不愉快时，孩子也可以用笑容感染对方，让对方在微笑中得到快乐，继而疏解心里的烦闷，重新拾起快乐的心情。这样做，不仅朋友得到了快乐，孩子也有可能收获意想不到的回报，比如，一份珍贵的友谊。

2. 教孩子让人快乐的技巧，如会说笑话、会关心人

可见，父母不仅要教会孩子自己如何去笑对人生，还应把如何用微笑去帮助他人的技巧教给孩子。当孩子身边的朋友感到失落、难过时，他就可以用这些方法，使朋友重新开心起来，让朋友间的友谊更加亲密。

细节36：让孩子学会品味生活

上初中的男孩小坤，最近的学习、生活状态都越来越差。每天回到家，他不是看电视就是上网，爸妈不催促，他根本不会主动去做作业。不仅如此，他每天的情绪也比较低落，看起来很忧郁，爸妈问他有什么烦心事，他总说："没事儿，你们别瞎操心了！"之后，他就不再愿意和家人交流。后来，妈妈打电话给小坤的老师，想问问小坤的学习情况。老师告诉她，最近小坤的压力好像比较大，整天昏昏沉沉的，同学们叫他去玩，他总说"无聊"、"没意思"

之类的话，看起来像是对生活中的很多事都没有激情，没有期待。

小坤之所以这样，可能是因为他不懂得在生活中感悟和思考，不会品味生活和在现有条件下享受生活带给自己的乐趣。在学习压力不断增大的过程中，他没有调整好自己的心态，只昏昏沉沉度日，而不愿细细品味生活中的一切。

其实，生活是由多种元素构成的，其中有痛苦或悲伤，有兴奋或快乐，没有谁能彻底清除生活中的所有不快。因此，作为家长，我们该做的不是把孩子放进"蜜罐"中，而是教他们用积极的心态品味生活中的点点滴滴，最终悟透生活的真谛，成为生活的真正享受者。让孩子学会品味生活，家长选择以下方法：

1. 指导孩子体验不同的生活

教孩子品味生活、在现有条件下享受生活，家长可以让孩子适当体验其他人的生活。比如，让孩子采访爷爷、奶奶，了解他们小时候的生活状况及家庭、社会环境等，或带孩子去周围的农村，让他体验劳作的辛苦与“自己动手，丰衣足食”的快乐。这样，孩子就会懂得自己生活的来之不易，会更加珍惜和享受已拥有的一切。

2. 鼓励孩子说出心中快乐的感受

平时生活中，家长应经常鼓励孩子说出他对许多事物的看法和感受，且最好选择孩子比较感兴趣的事物，让他仔细描述并尽情发挥。这时，家长应在一旁认真倾听，不能无故打断孩子的话。否则，正说到兴头上的孩子会感觉自己不受尊重，同时，这件事带给他的愉悦感也会大打折扣。

3. 培养孩子高雅的生活情趣

情趣有高雅和庸俗之分，高雅的情趣有益孩子的身心健康，庸俗的情趣则无法为其带来美的感受。所以，家长应从小注意培养孩子高雅的生活情趣，如让他多接触音乐、舞蹈、书画、诗词，或带他进行垂钓、旅游、打球等活动以修身养性，保持身心健康。而对孩子长时间打电子游戏、吸烟、喝酒等行为，家长必须想办法制止，不能让这些恶习损害孩子的身心发育。

第六章

让孩子自立自强的9个家教细节

孩子没主见、性格软弱、不自信、自己的事情完全不会做……这些不良性格，大都是因为父母没有在孩子的性格形成期，对孩子进行正确的教育而导致的。那么，在这一时期，父母到底应该怎么做，才能正确引导孩子坚强独立起来呢？我们一起来看下面的内容吧。

细节37：父母应防对孩子保护过度

龙龙是个9岁的男孩，本来应该是活跃、淘气的年龄，却十分的胆怯、害羞，不敢和同学们打闹，也不和老师讲话，一见到比他强壮的同学就害怕。

班主任对此十分担心，就抽了个周末，去龙龙家做家访，希望学校和家庭共同努力，让龙龙的性格活泼起来。

“龙龙在家里也这样吗?”班主任见到龙龙的妈妈后问道。

妈妈也很担忧，点点头说道：“哎，一点都不像男孩子，我们也发愁，想知道是怎么一回事呢。”

“除了这点，龙龙在学校都挺正常的，看来，可能这就是龙龙的性格啊。每个人的性格都不同，有的内向，有的外向，龙龙可能就是比较内向的类型吧。”见龙龙妈也不太清楚原因，班主任就没再继续深谈下去，担心对方觉得自己无礼。

龙龙妈叹一口气，附和道：“可能吧。”

谈到这里，班主任觉得没有必要再坐下去了，于是想起身告辞，而这个时候，龙龙妈突然惊跳起来，“龙龙，快下来，小心摔到了。”

班主任抬头一看，原来是龙龙搬了个小板凳想要拿柜子上的东西，班主任不由得皱起了眉头，看看那板凳，也只20厘米左右，而且还很结实的，再怎么着，也不会把龙龙摔到吧。

更吃惊的还在后头，龙龙妈帮龙龙从柜子上取下他要的东西后，竟然给龙龙爸打电话，说道：“老公，你回来的时候去家具商场看看有没有低点的柜子，龙龙刚才想从柜子上拿东西，差点摔倒。”

“……!”班主任心里一惊，这……完全是保护过度了吧。

在生活中，有的父母就有过度保护孩子的倾向，这不仅使孩子产生强烈的依赖感，还会让他对外界的适应能力下降，遇到困难时也会变得束手无策，只等父母前来“解救”。久而久之，孩子性格就会变得懦弱、害羞，不会主动与他人交往，形成一种恐惧他人的心理，自强自立更无从说起了。那么，为了孩子的健康成长，父母应该如何去掉“保护罩”，让孩子变得自立起来呢？

1. 不要把孩子关在“温室”里

有些父母担心孩子在自己没看见的地方受到伤害，把孩子当成温室里娇贵的花朵，寸步不离的呵护着。甚至孩子参加一些社交、社团活动时，父母也要跟着一起去。

这种过度的保护严重影响了孩子的交际活动，导致他们不会处理复杂的人际关系、不愿与社会接触，只想把自己关在自己的世界里或粘在父母身边，就像是父母的宠物一样。可是，父母们就真的愿意把孩子变成一只“宠物”吗？当然不是了，那就把“温室”的大门打开，让孩子去看看外面的世界吧。

2. 让孩子早早学会自己的事情自己做

父母保护孩子是一种天性，但教给孩子生存的技能也是一种责任。所以，在呵护孩子的同时，也应该从身边的小事开始，让他们自己去处理，逐渐自立自强起来，这样日后才能成为人生中的胜利者。

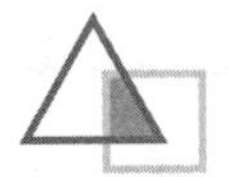

细节38：让孩子拥有自己的主见

儿子贝儿马上要开学了，妈妈带着他去超市选购新的学习用品，来到包具区的时候，妈妈说：“贝儿，来看看书包，你那个不是破了吗，咱们选个新的，喜欢什么样的？”

“嗯……”贝儿跑过去，左看看，右看看，拿起这个思考半天，又拿起那个想了很久，还是拿不定主意要哪个。

“妈妈，你帮我挑吧。”

“都不喜欢？”

“我不知道选哪个。”贝儿很苦恼地说道。

“喜欢哪个就选哪个啊。”妈妈向前推了推他，可他还是摇摇头，一个劲往妈妈身后退，“妈妈，还是你帮我挑吧。”

“哎，那就选这个天蓝色的吧，有蓝天白云，看着心情就不错。”

“嗯。好。”贝儿拿着妈妈挑好的书包，很平静的接了过来，既不欢喜，也没表现出不快来，妈妈很无奈地叹了口气。

第二天一早，妈妈早就做好了早饭，可贝儿还没出房间里走出来，妈妈看看时间，朝他的房间喊：“贝儿，时间到了，要迟到了哦。”

“我，我马上就好。”

可几分钟又过去了，他还没出来，妈妈忍不住推门进去，见他正盯着两条裤子发愁。

“怎么了？”妈妈问。

贝儿抬头，十分苦恼地问道：“妈妈，我该穿哪条裤子？”

“这有什么发愁的，随便哪条都行啊，喜欢哪条选哪条。”

“我……不知道……”贝儿慢慢低下了头，妈妈顿时语塞，这也有不知道的？还是这孩子太没主见了，自己喜欢什么都不知道。

孩子在成长的过程中，都会慢慢感受到自己的“权利”——抉择权，也会有利用这一“权利”的想法，但父母往往会在无意中压制孩子自己选择自己做主的要求，时间一长，孩子的自主性就会下降，对能做出决定的事情也会犹犹豫豫不敢做主。那么，父母该如何让孩子拥有自己的主见呢？我们一起来看看下面的方法。

1. 把决定权交还给孩子

当孩子提出某种想法，想自己做些事情时，只要父母认为在合理范围内的最好给予支持，让孩子放手去做。当孩子面对抉择的难题时，父母可以在一旁给予暗示或指导，但要让孩子自己拿主意，根据自己内心的想法去做决定。如果孩子实在拿不定主意到底该怎么办才好时，父母可以提出一些合理的建议让孩子参考，如果孩子觉得有理，就会照着做；如果孩子觉得和自己想象中有偏差，就会提出反对意见。但不管是哪种结果，孩子都会体会到“拥有选择权”的快乐，慢慢的就会变得有主见起来。

2. 给孩子自主权，但要有规矩

首先，应该树立起父母的权威。要让孩子知道，你自己想做什么，我给你这个自由，但仅仅体现在孩子自己身上，如果将这种“权利”强加在他人身上就错了，需要改正。其次，要求孩子要信守自己的承诺，答应了唱个歌睡觉，唱完歌后，就得马上睡觉，否则就会受到相应的惩罚。

细节39：跌倒了，让孩子自己站起来

妈妈带6岁的儿子于清去公园玩，昨天刚下过雨，路有点滑，妈妈叮嘱道：“儿子，别乱跑，小心滑倒！”

“我知道了，妈妈。”于清虽然点头答应了下来，但还是不顾妈妈的阻拦，一会儿跑到前面看看，一会儿又跑去后面拔草，总之是不让妈妈省心。

跑着跑着，于清一个不留神一脚踩进了一洼水坑里，脚下一滑，摔倒在地上，溅了一身的泥水，哇哇大哭起来。

“儿子！”妈妈赶紧跑过去，把宝贝儿子从地上抱了起来，搂在怀里心疼的哄劝道：“宝贝不哭，摔到哪了？妈妈给你吹吹。”

儿子哭得说不出话来，只是慢慢把手掌伸了出来，妈妈一看，红了一块，可能是擦伤了，心疼的赶紧给他吹吹。

“都是这破地不好，来，咱们一起来踹它。”说着，妈妈嗵嗵跺了两下脚，用力的踩在地面上。于清这才破泣为笑，从妈妈的怀里挣脱出来，跳到地上也用力的踩了两脚。

我们常说，“天将降大任于斯人也，必先苦其心志，劳其筋骨，饿其体肤……”

可见，人不吃苦，是干不成大事的。马克思也曾说过："人要学会走路，也得学会摔跤，而且只有经过摔跤，他才能学会走路。"可见，摔得起跤的孩子，才能真正学会走路。

但是在孩子的成长道路上，经常有父母阻碍孩子学习"走路"。见孩子一摔倒，就赶紧冲上去扶起来，不给他们自己站起来的机会。因此，专家建议，在孩子摔倒时，父母应鼓励他自己站起来，具体来说，有以下两个方法供参考。

1. 让他接受"自己跌倒自己爬起"的思想

如何培养孩子"跌倒了自己爬起来"的意识呢？生活中，父母可以多给孩子讲这类的坚强的故事，或者拿身边的事例教育他，让他明白不怕摔跟头，不怕痛苦是件光荣的事情。当孩子从内心接受这种思想时，再面对这类问题时，就不会再有畏难情绪了，更也不会把这当成多大的难事了。这样的孩子会更坚强，当他们长大成人步入社会后，更会拼出一片属于自己的灿烂天空。

2. 当孩子跌倒时，鼓励他自己站起来

事实上，每一个孩子在摔倒后，都有站起来的能力，只看父母有没有给他发挥这一能力的机会了。对于父母来说，更需要注意的是要能忍住疼惜孩子的心情，对他的磕磕碰碰表现出淡然的神色，鼓励他依靠自己的力量站起来。

细节40：放养孩子，培养孩子独立的性格

今天是周末，一大早小芸就和同学出去玩了。自从小芸出去后，妈妈就坐立不安，一会儿趴到窗台上看看楼下有没有小芸的身影，一会儿又走到电话机旁犹豫要不要给她打个电话问声平安。

直到家里的电话铃响起，一接是小芸打来报平安的，妈妈才放下心来，松了口气安心的坐到了沙发上。

“都和你说了不会有事的，都12岁的人了，早独立了。”看报纸的爸爸抖抖报纸抬头看向墙上的钟表，说道：“哟，都十一点了，该做饭了。”

“饭！哎呀，刚才忘了问她午饭怎么解决，我说要给她煮几个鸡蛋，她非不要，在外面吃坏肚子怎么办？会不会干脆就不吃了，饿着肚子要受罪的，还是……”

“孩儿他妈，你就别担心了，她还能让自己饿着？”爸爸听不下去了，打断她一本正经的说道：“不是还有好几个同学嘛，只是出去玩一天，有什么好担心的。”

“你就一点不担心？芸芸可是你亲闺女。”妈妈被他说得心里有点难受，自己的女儿，自己担心一下怎么了？

“我不是不让你担心，只是别太过分，现在她也长大了，咱们该放手，还是放手吧，这叫放养教育。”

对爸爸的话，妈妈一点也不赞同，反而生了一肚子气，中午饭都没吃好。

何谓放养？就是把孩子送到更大、更宽的环境中发展，不再把孩子“关”在家庭、学校里，让孩子多接触外面的世界，给孩子充分的自主行动权，让他在“放养”中，学习为人处事之道，建立起自立自强的良好性格。

但是，很多父母总把孩子当成自己的宝贝，不愿意承认他快要长大成人了，总想把孩子捧在手里，抱在怀里，为孩子遮风挡雨。我们可以理解父母想让孩子健康、平安的苦心，但不经历风雨，孩子又怎么能茁壮成长呢？下面，我们就来看看教育专家给出的“放养”建议吧。

1. 不要让自己多余的担心困住孩子

现如今，很多父母都和故事里的小芸妈妈一样，孩子一出门就开始担心，甚至孩子独自在家，也不放心，怕孩子玩一些危险的东西，比如插座、刀具等。

其实，父母完全不必如此担心，十多岁的孩子已经有了较强的判断力和自我保护能力，什么东西有危险，什么东西是他不该接触的，他都已经大致了解了，那些不安全因素，孩子在父母或朋友的提醒或帮助下，大都能远离。

如果父母在担忧的心理下，经常干涉孩子的自由，或者对其进行强力的管制，反倒会让孩子感到自己受到了家长的“束缚”，久而久之就会产生逆反心理，或者变得毫无主见。

所以，父母在叮嘱孩子一些需要注意的内容，以及给予适当的帮助后，就放手让孩子自己去玩要去学习吧。

2. 交待注意事项后，鼓励孩子外出游玩

在父母们的眼中，现在的社会太危险了，孩子面临的危险似乎越来越多了，他们不敢放手让孩子离开自己的身边，去享受大自然去体验社会。其实，家长的这种担心有些过虑了，在教给孩子如何应对各种危险后，可以逐步放手，让他慢慢地多接触社会，逐渐独立起来。比如旅游就是不错的放手方法，从最开始的让孩子在自家附近的社区游玩、在城市里逛逛，再到附近城市、逐步扩大范围。家长可以和孩子一起讨论游玩的体会，及时总结经验，既能教会孩子保护自己，还能让孩子零距离了解社会，体验生活。

细节41：给孩子更多选择的机会

梨梨今年12岁了，是一名初中女生，今天学校放学早，她急匆匆地赶回家，因为妈妈早上答应她，今天要教她蒸馒头。

“妈妈，我回来了！”一进家门，她就把书包扔在了沙发上，兴冲冲地跑进厨房，看见妈妈已经开始张罗案板和面团了，“妈妈，我来帮你。”

“好啊，就等你了，先去把手洗干净。”妈妈笑道梨梨听后赶紧跑到洗手间，把手洗干净后，重新回到厨房，问妈妈：“我该先做什么？”

“先把这些面团切成一样大小的面块，然后我们就开始揉馒头了。”

“好啊好啊，我来切……一样大小……”梨梨很认真比对着面块的大小，直到把整个面团切好。

“要怎么揉呢？”梨梨问。

“像这样，再这样，然后这样……”妈妈示范着，直到梨梨点头后，才递给她一块面块，看她揉的起劲，微微一笑低头揉自己手里的面块了。

但不一会儿，妈妈就发觉有些不对劲，馒头应该不是方就是圆的，怎么旁边还有那么多说不出形状来的“馒头”呢？

“梨梨，你怎么揉成这种形状了？”

“好看啊，你看，这是只老鼠，这是头猪，今天晚上我就吃它们了，嘿嘿……”

“这不行，揉回去重新来，只能是方的或圆的。”

“不要嘛，这样的好吃。”

“都一个味儿，快点，揉回去。”妈妈命令道。

没办法，梨梨只好把刚才的“杰作”全毁了，重新按照妈妈的示范，揉成了方方的毫无胃口的馒头。

在梨梨看来，她的行为明明是一项“创新”，但妈妈却不同意，一定要让她改过来。在孩子眼中这是有些“不通情理”的管教，既束缚住了孩子的手脚，还约束了他的发散性思维的培养。

其实，父母完全可以给孩子多一些的选择机会，让孩子自己做决定并不是父母失职和推卸责任，而是让孩子在做选择的过程中，培养自主意识和独立性格，这对孩子成长为自强自立的人很有帮助。

1. 多给孩子一些尊重

父母不要觉得孩子还小，就不必尊重他的想法。其实，尊重是相互的，孩子尊重了你，你也要尊重孩子，这是帮助他建立起自信心的第一步。试想一下，如果连父母都不能认可并尊重他们的想法，他们还能期望得到谁的信任和支持呢。

2. 让孩子在多个选项中自由选择

最近上映了一部新电影，妈妈觉得挺有教育意义的，就想拉着儿子一块去看。

可中午刚出门，儿子突然说：“妈妈，我不想看电影。”

“为什么，妈妈已经把票都买好了，你早说的话，咱们就可以商量商量到底看不看了。”妈妈甩甩手里的票。

儿子也知道这样很不应该，但他现在有更想去的地方，刚才路过一家台球厅，他想去那里打打台球，但这种理由说出来，会不会惹妈妈生气呢？儿子有些拿不定主意。

妈妈见他犹豫不决的样子，便知道定有隐情，就问：“你是不是有想做的事情？

可不可以和妈妈说说?”

“嗯……”儿子点点头，然后头悄悄向后扭了扭，小声说道：“台球……”

“台球？想打台球?”

“嗯。”这次，儿子点了点头。

“这样啊。”妈妈抬手看了看时间，离电影开始还有一个多小时，也不是不能让儿子去，不过自己孤零零的要怎么办呢？突然，她想到一个好主意，就说：“儿子，我有几个提议，你看选哪个。”

“妈妈你说说看。”

“第一，妈妈现在就陪你去打台球，但只能一个小时，然后和妈妈一块去看电影；第二，先和妈妈一块去看电影，然后你再去打台球，时间可以长一点。你选哪个。”

“当然是第二个！妈妈，我们先去看电影吧。”儿子听到今天可以玩台球，还有可能时间挺长，马上来了精神，拉着妈妈的手朝电影院走去。

可见，只要目的一样，出发点是好的，做父母的何不让孩子对自己的行为进行选择呢？当然，父母应事先告诉孩子，一旦做出了选择就要对此负责，这还是培养孩子责任感的好方法。

细节42：父母的赏识让孩子更自信

小美是一名初一女生，妈妈下午一出门，她就坐立不安的开始在房间里打转。原来，今天是学校开家长会的日子，她不敢想象妈妈回来后会是一副什么表情。

虽然她这次考试成绩还不错，但和上学期相比，掉了几个名次，妈妈知道后，一定会不满意的。

果然，晚上八点左右，妈妈回来后，一进家门就板着一张脸把小美叫到了客厅，抖着手里的试卷问："怎么回事？这么简单的题你都不会了？"

"不是……"小美委屈的低下头，考试前天她复习的太晚，第二天头晕晕的，就填错了几个答案。但她知道妈妈绝对不会接受这样的理由，动动嘴，还是没说出来。

"不是什么？"妈妈啪的一声把试卷扔在桌子上，批评道："你看人家小茹，每次都是年级第一名，嘴又甜，能力又强，你怎么就不能向人家学学呢？"

"又来了！"小美小声嘀咕道。每次都是这样，不管她考的好不好，妈妈总是把小茹搬出来，把自己和她比较一番。

"你说什么？"

"我说，能不能不要总拿我和别人比？再不好，你的女儿也是我，有本事你让小茹当你女儿去。"小美干脆大声地喊了起来。

"你这孩子，还学会犟嘴了！"妈妈生气地扬起手，似乎是想打她，犹豫了一下，终是舍不得下手。

孩子在成长中，无论是学习还是生活，出点差错是很正常的，但是有些父母因对孩子抱有较高的期望，而认为认为孩子可以做的更好，也必须做到最好，一旦孩子无法达到要求，父母就会对孩子进行批评"教育"。孰不知，这时候孩子内心其实也是惶恐不安的，父母的"教育"并没有得到他们的认可，甚至会引来他们的抗拒。那么，父母应如何对待完不成任务的孩子呢？

1. 不拿孩子做比较

有些父母经常有这样的感触："我们的孩子又不比别的孩子少什么零件，怎么就总不如人呢？你看谁谁谁家的孩子，比我们孩子还小呢，怎么就那么聪明，那么……"

反正父母的意思就是，别人行，为什么偏偏我的孩子做不到呢？因此经常在孩子面前谈起某个比较对象，让孩子在无形中也开始和外界做起比较来，当他们发觉，自己可能真的不如别人的时候，自尊和自信就会受到严重打击。

所以，为了孩子身心的健康成长，父母不要总拿他人和自己的孩子比较，龙生九子，还各不相同呢，每个人都有自己的特长和能力，你的孩子也有自己的特长呢。

2. **一句话、一个眼神就能激励孩子**

孩子在成长中需要来自长辈的赏识，即父母的鼓励和肯定。一旦得到父母的肯定，孩子的内心就会充满喜悦，期望自己有更好的表现以得到更多的赞赏。而且，对于孩子来说，他们并不需要父母给予多重的奖励，往往一个赞扬的眼神，一个亲昵动作，一句肯定的话都能让他们高兴半天，起到明显的激励作用。

细节43：批评孩子要讲技巧

容容是个有些自卑的9岁女孩，不管是个学校还是在家里，都觉得自己不如别人能干，总是喜欢低着头走路，别人问她话，她回答的最多的就是“我不知道”、“我不会”，让容容爸妈十分头疼。

“容容，你怎么什么也做不成，让你把自己房间收拾一下，怎么弄了这么水在地板上?”

“我……”容容低着头，想说什么没说出来。

“真是什么也不会干，快点把衣服穿好，今天晚上咱们和爸爸一起出去吃饭。”妈妈说完，皱着眉头走出了她的房间。

容容见妈妈出去了，赶紧从衣柜里拿出一件干净的衣服套在了身上，高兴的走出去后，却听妈妈不高兴的对她说：“你这孩子，怎么选了这件衣服？袖子都短了很大一截了，换一件去。”

“……”容容低下头，很想说她最喜欢这件衣服，可话到嘴边，她又咽了回去。

故事中的容容因为自己的笨拙，总是受到批评，说她不会做这个，不会干那个，结果，在妈妈的批评下，容容连穿件自己喜欢的衣服都不敢说了。孩子做了错事，父母适当的批评是应该的，但若是因此就对孩子横加指责，或批评太多，结果只能导致孩子畏首畏尾，不敢做自己想做的事情，不敢面对遇到的人或事，渐渐产生自卑性格。

父母在批评孩子的时候，到底应该注意些什么，才能不让孩子产生自卑感呢？其实答案很简单。

1. 批评也要有技巧

可见，在生活中，父母不宜过多地批评孩子，否则会适得其反，导致孩子更加的不听话，乃至产生不良的心理效应。其次，父母在批评孩子的时候，还要适当地讲些技巧，既让孩子知道你这是在指责他的过错，还能让孩子明白你的重点是为了他以后能做的更好，而不是为了批评而批评。

2. 故意不批评孩子，让他自己去反思

对于孩子来说，家长的过多批评，尤其是无论大错小错，只要自己犯了就会受到重复的批评或善意的指责。这往往会让他们产生这样一种印象：自己大事小事都干不好，为了不受批评，干脆什么都不干了！而什么都不干又会给家长这样一种印象：这孩子什么都不敢干，也什么都干不了。

其实，孩子在成长阶段，正是在不断地尝试、“试错”中逐渐成长的，很多事情不经过尝试，不碰碰墙，父母絮絮叨叨再多孩子还是不能完全理解。与其一见孩子出错家长就指着，不如“抓大放小”，对那些无关紧要的小事，即使孩子做错了，父母也不予置评，而是和蔼地告诉孩子，“宝贝，你给自己做的这件事打个分吧！”“孩子，你自己找找看错在哪里了，妈妈相信你很聪明的！”

细节44：让孩子体会到成就感带来的快乐

小玄正在房间里写作业的时候，突然听到外面有很大的动静，他赶紧跑出去看，原来是爸爸正猫着腰往沙发底下看。

“爸爸，你在做什么？”

“爸爸在忙，你去写作业吧。”爸爸朝他挥挥手，就又趴下来使劲的推沙发，似乎想要从沙发底下找出什么东西。

“爸爸，你是要拿东西吗？”小玄问。

“嗯，钢笔掉进去了，没事，一会儿爸爸找个东西把它扫出来，你回房间写作业去吧。”

“爸爸……”小玄双手放在胸前搓着，紧张的问：“爸爸，需要我帮忙吗？”

“不用，这种事情爸爸一个人做的来……”爸爸笑着拒绝了小玄的好意，却没看见小玄不甘的撅起的嘴唇。

明明，我能把钢笔拿出来的……小玄想这样说，但他觉得爸爸肯定不会让他帮忙的，就回到了房间，继续写他的作业。

明明小玄可以轻易捡到钢笔的，可爸爸却不领情，让他的好心落了空。其实，这种事儿在很多家庭中都会发生，这是因为在父母的心里，孩子还小什么都不会做，或者孩子做不到位只会给自己帮倒忙，因此，干脆拒绝了事。殊不知，父母拒绝的不仅仅是孩子做事的热情，还有做成事后带来的成就感。生活中本就没有什么大事，孩子的正是在这看似平凡的日子里逐渐长大的。如果家长能够让孩子参与到力所能及的事情中，让他体会到做成事的喜悦，这对他独立、自强等优良品质的形成会有极大的帮助，即用成就感促进孩子的健康成长。具体来说，有以下两种方式供家长参考。

1. 打破常规，让孩子也帮大人的忙

父母遇到难题后，兴许孩子很可能能帮你漂亮的解决哦。因此，父母应该偶尔打破一下常规，不要把孩子看得那么无能，多让孩子参与到父母的活动中。这不仅能让孩子产生成就感，还能培养他们助人为乐的优良品德，使孩子更有信心和勇气面对生活中遇到的种种困难。日后在遇到困难时，他们就会想：自己连父母困惑的事情都能解决，还有什么做不到呢。

所以，父母主动邀请孩子帮自己一些小忙，既减轻了自己的负担又培养了孩子的自信心，何乐而不为呢？

2. 偶尔为难一下孩子

家庭中，父母应多给孩子一些表现自己能力的机会，如果实在找不到机会，制造机会让孩子露一手“绝活”也不错。当孩子做到了父母认为自己做不到的事情后，成就感就会油然而生，产生一种“我能”的积极生活态度。在这种态度下，孩子的自信心将会大大提高，获得“向前冲”的动力，更愿意主动学习新的知识，并努力的运用到实践中。

当然，为了避免孩子“冲”反方向，父母在为难孩子的时候，最好设定一个理想的方向合理的约束孩子，让其健康成长。

细节45：独立生活，培养孩子的自立能力

春暖花开之际，姐妹俩带着自己的孩子相约去乡下游玩，虽然天气渐渐暖和了，但路面上偶尔还会有结冰的地方，尤其是乡下，除了路滑还很不平整，妹妹总是担心自己的儿子会滑倒受伤。但是姐姐却一点也不担心自己的女儿，任她在周围跑来跑去，偶尔还鼓励她去路边摘两朵野花。

妹妹的儿子看到小姐姐采花，也吵着要摘，妹妹没办法，只好让小姐姐带着他去路边玩，还在后面不停地叮嘱道："牵好你弟弟的手，别摔到他。"

尽管千叮万嘱，"危险"还是出现了，两个孩子没看见前面有个泥坑，脚下一空，齐齐摔倒在路边。

"儿子！"妹妹惊慌地跑过去，一把把儿子从泥坑里抱出来，不停地问："儿子，有没有受伤？摔到哪了？疼吧。"

本来儿子还没事，一听她说出疼这个字，马上哭了起来，嘴里喊着："疼……疼……"妹妹心疼地看着儿子，十分懊恼自己刚才没有制止他在路边玩的行为。

而姐姐看见女儿摔倒，却没有跑过去，仍旧站在原地，和蔼的朝她挥挥手，说道："女儿，来妈妈这里。"

女儿咧嘴一笑，从地上爬起来拍拍身上的泥土就朝她飞奔而来。

妹妹连连称奇，问姐姐："你女儿怎么这么坚强啊。"

"这两年，我都让她参加一些集体活动，比如夏令营什么的。在那里没有来自父母的疼爱，慢慢的就变得自立自强了。"

妹妹一听，看看自己怀里的哭个不停的儿子，暗想，是不是也让儿子锻炼锻炼呢？

同样是摔倒了，故事里的男孩和女孩却有不同的反应，这是怎么回事呢？答案很简单，是父母教育的结果。

姐姐经常让自己的女儿参加一些社团孩子，这里没有宠溺孩子的父母，只有共同面对生活困难的伙伴们，想要解决问题，就得靠自己去想办法和行动，这样一来，孩子的动手能力和思考能力都得到了锻炼，而且通过自己的实践，获得了更多的自信，性格会变得坚强和独立。

怎么才算是让孩子独立生活了呢？除了参加夏令营等团队活动，还有没有其他简单的方法呢？当然有，而且还都十分的简单易行。

1. 让孩子住校一段时间

孩子其实天生就有坚强独立的性格，只不过在成长过程中，被父母抹杀了而已。所以，当孩子不能独立生活时，父母应在反省自己的教育方式的同时，为孩子创造独立生活的机会，让孩子住校就是一个不错的锻炼方式。孩子住校后，有大段时间不能和父母在一起，在同学、小伙伴的影响下，即使有不会做的事情，他也会尝试去做，而且会学得很快。

2. 让孩子看家护院

父母总是担心孩子离开了自己就做不成事情，但不放手，孩子永远不可能学会做事情，也永远长不大。所以，父母不妨大胆的放开孩子的手，就像故事里的父母一样，多信任一下孩子，让他独自看家也是锻炼孩子自立能力的有效方法。

第七章

性格形成期，把握孩子情绪健康的8个细节

情绪无好坏，只看每个人是否恰当地把自己的情绪表达了出来。孩子也是如此，如果父母能在孩子产生消极情绪时帮其一把，让孩子充分了解、认识自己的情绪，并明白其中的利弊，那么，孩子自我调节情绪的能力就会提高。下面我们一起看看，当孩子缺乏理智时，或一挨训就自暴自弃时，又或性格急躁时，这些常见的情绪问题该如何解决。

细节46：教孩子真正了解自己的情绪

波波是一名初一的男生，今天上思想品德课的时候，老师一到讲台上，就问大家："如果你们期末考试考得不理想，回到家后刚和父母说完，就挨了一巴掌，你们会有什么情绪?"

"当然是生气啊，挨打了谁会高兴。"有同学马上回答道，教室里的气氛显得有些沉重和紧张。

"就是就是，会很伤心的。"另一个同学也连连点头。

"不过……"波波沉思了一会儿，回答道："还会感到有些愧疚，毕竟是自己没考好。"

"嗯，很好，大家都回答出了自己挨打后的想法。那么……"老师轻咳了一声，又对同学们说："如果，接下来，你们的父母说，又去哪玩了，瞧屁股上一层土。你们又会怎么想?"

"啊? 老师你别大喘气啊，一口气说完不好么，吓我一跳。"同学们一副如释重负的样子，刚才的沉重感瞬间消息。

"不再生气、难过了?"老师笑着问。

"呃，还会有点心虚吧。"波波说："会担心接下来爸爸妈妈再询问成绩的事情，然后生气。"

"就是，结果还是会挨打啊，哎!"同学附和道，显得有些失落。

这时候，老师很高兴的对大家说："很高兴同学们有这么多反应。其实这些呢，就是我们每个人的情绪了。今天我们的课外作业就是，根据今天课上的情况，自己分析一下自己的情绪，是愤怒还是软弱，是勇敢还是胆小，大家一定要认真的把自己分析透哦。"

儿童心理专家认为，孩子的年龄虽然小，但也有自己的情绪特点，那就是"不自知、变化大、易受影响”。不自知是指孩子对“自己的情绪”了解很少，其来源、特点等都不清楚，情绪的好坏只是跟着感觉走。变化大说的是一点小事就会引起孩子心理和情绪的极大变化，小孩子的喜怒哀乐都挂在脸上，相互转换很快。而易受影响是指的孩子的心理发育尚未成熟，其形成发展容易受到外界因素的影响，如父母的情绪、同学的评论等，因此，如何让孩子在成长中，真正了解自己的情绪，认识各种情绪给自己带来的利弊，成为家长必做的一项重要家教工作了。对此，专家提出了以下两个家教方式供家长参考。

1. 教孩子学会评价自己的情绪

家长可以和孩子一起讨论，并找来纸笔，教孩子先写下自己知道的与情绪相关的词语如高兴、生气、内疚等，并能说出其代表的内容。然后，家长和孩子讨论这种情绪给我带来什么好处和坏处呢？如生气后我头晕、手心出汗、心里还很难受。

之后，家长和孩子一起寻找这些情绪产生的来源，如为什么别人说我坏话我会生气呢？找到原因后，家长再和孩子一起议论因为这样的小事我们生气值得吗？看看给我们和周围人带来的坏处那么多，很不值哦。让孩子了解到自己不同的情绪带来的不同的后果，在心里就会产生“这种情绪不好、这种情绪好”的印象，在日后的生活中，家长经常关注，并提醒孩子，他慢慢就会对不良情绪产生排斥感，对良性情绪更亲近。

2. 让孩子知道情绪的作用是可以转换的

花花最好的“朋友”是一只叫咪咪的小猫，每天一放学，她就会和咪咪腻在一起，一人一猫一起玩，一起闹，开心得不得了。可是这两天，咪咪的精神有些不太好，总是无精打采的呆在角落里，连每天最喜欢的晒太阳活动也不进行了。

问过妈妈后，才知道咪咪生病了，需要好好休息，让花花不要总是去打扰它。

花花听后，郑重地点点头，说：“我不会去打扰它的。”

于是花花赶紧离得咪咪远远的，生怕吵到它。

“花花，咪咪过几天就会好的，你不用难过啊。”妈妈忍不住对她说。

“可是，它现在一定很难受，生病很不舒服的。”花花望着咪咪，一脸的心疼。

妈妈却不想让她总这么难过，于是对她说：“花花，你知不知道，其实，不好的情绪是可以转换成好情绪的。”

“嗯?”花花有些不明白妈妈的意思，但听了接下来的话后，逐渐明白了。

妈妈说：“你现在总伤心对咪咪也没用，但是如果你化难过为力量，支持咪咪，它的病会好的更快的。”

“真的吗?”花花激动地问。

妈妈点点头，花花马上说：“那我现在就化……为力量！可是，怎么支持它呢?”

“你可以多告诉它一些你感到快乐的事情，快乐是会传递的，当它感受到你的快乐时，心情就会变好，病也会减轻的。另外，你还要及时抱它去看医生，这才能真正帮助它”

“哦，明白了，我会照做的，妈妈”听后花花高兴起来。

化花妈的教女方法值得借鉴，她知道自己女儿喜欢小猫，通过小猫生病，她巧妙地教育孩子学会将自己的不良情绪转为有益的行动，既能帮助到小猫，又能纾解不良情绪给孩子的伤害，更让孩子明白一个道理：遇到坏事或不好的情绪时，我可以用别的方法把它变成有利的事情！

细节47：帮孩子制定法则逐级管理不良情绪

奇奇是个12岁的小男孩，爸爸疼妈妈爱，但总是喜欢乱发脾气，情绪一上来，就哭闹个不停，事后又觉得有愧，让爸爸妈妈怨也不是，爱也不是。

今天，奇奇又是在乱发脾气之后很后悔的来到妈妈身边，呜咽着扑进她的怀里，撅着小嘴说道：“妈妈，我不是坏孩子。”

“哎……”妈妈先是叹了口气，然后对他说道：“其实呢，你是个很好、很乖的孩子，只不过情绪不太稳定，如果你能用些方法管理一下自己的坏情绪，妈妈认为，你一定能成为一个更好的孩子。”

“管理情绪？怎么管？妈妈你快告诉我。”奇奇像是抓住了救命稻草般，扑在妈妈怀里，撒娇道："我以后一定会做个更乖的好孩子，妈妈你快告诉我，怎么样我才能让自己不乱发脾气呢？"

"这个嘛，我们先来一起想一些能让你不乱发脾气的规矩，你觉得能做到的，咱们就记下来，等你再想乱发脾气的时候，你就拿出自己亲自立下的规矩看一看，自己的规矩总不能打破吧，这样你是不是就想遵守它呢？"

"好像是，那妈妈可以帮我一起立规矩吗？"奇奇可怜兮兮的问。

"当然可以，我们现在就开始吧。"妈妈拿出纸笔，拉着奇奇的手边说边进了书房。

孩子的年龄比较小，往往是心里想什么，脸上、嘴上、手上也会表现出什么，要不怎么说"小孩脾性"呢。专家认为，我们不能因为孩子还小就对他的不良情绪迁就，应想办法让他意识到自己的"坏"情绪也是需要管理的，要能自己控制自己的情绪和脾气。

在上节我们主要介绍了让孩子认识到自己的情绪的有好坏之分，有利弊分，也学会了让孩子转化自己的不良情绪。但是在实际生活中，这些方法还不够，这里我们介绍另一种帮孩子减轻不良情绪影响的方法：不良情绪逐级管理法则。它的意思是，我们要根据孩子的年龄特点，制定简单易行的法则，帮孩子逐步控制自己的情绪。具体来说，主要有以下四个步骤的内容。

1. 发火前先忍三分钟

这是第一步，也是最基础的一步。孩子在生气、愤怒时，往往很随性，即会随时发火，不讲场合不分时间。家长可以先和孩子约定，发火前先忍三分钟，然后看看自己的气能消不。一般情况下，三分钟后孩子的不良情绪就会消减大半，毕竟生活中孩子遇到的问题其实都不是什么大事。

2. 不骂人不打人

做好第一步后，家长可以告诉孩子：咱们进入下一步，不骂人不打人。孩子间的争执之所以会扩大化，往往在于双方都控制不住自己的脾性，从小摩擦到骂人再到动手。因此，这一步是孩子必须做到的。

3. 不乱扔乱摔东西

不打人不骂人后，家长还要教育孩子不能随意拿摔东西，破坏物品不仅会增加家里的经济负担，还是没有公德心的一种表现。

当孩子有不良情绪时，一味压制也不是办法，这时，就要用到下一步“恰当表达情绪”了。

4. 恰当表达情绪

“妈妈帮你买套玩飞镖的东西怎么样?”妈妈理解美美的想法，提出了解决办法。

“那是男孩子们玩的东西。”

“对了，玩橡皮泥怎么样? 用力捏橡皮的时候，会把情绪发泄出来，而且还能做出很棒的作品，一举两得，怎么样?”

“挺好，那我们晚上就去买好不好?”美美也觉得这样不错，而且学校有不少同学也玩橡皮泥，这样一来，就可以互相切磋一下了，她很高兴的答应了下来。

美美妈的做法很值得借鉴：给孩子找橡皮泥等玩具供孩子发泄情绪，而且又不损坏物品。

细节48：教孩子遇事冷静理智

六岁的儿子太淘气，太难管教，让爸爸妈妈十分头疼，每每看到儿子，都会无力的说道：“儿子，你到底能不能听话点?”

儿子却完全不听这些话，反而一遇到事情，就会被情绪所左右，忽哭忽笑，爸爸妈妈都不知道拿他怎么办了。

这一天，妈妈做了儿子最爱吃的蒸蛋，儿子高兴的在妈妈脸上亲了一口，甜甜的说道：“妈妈，我最爱你了。”

“那就听点话，别让妈妈总伤心。”

“嗯嗯，我听话。”儿子拿勺子挖了一口送进嘴里，却没想到蛋还没凉，舌头被烫的生疼，哇的一声就哭了出来，“妈妈讨厌，最讨厌妈妈了。”

高兴了怎么都好说，不高兴了就闹人，妈妈一阵心烦，下一刻，又着腰立在儿子跟前，大声说："刚不是还说会听话吗？现在哭什么？不准哭，听话的孩子都不哭。"

"不要，不要……"可儿子早忘了之前说过的话，越哭越伤心，最后竟然坐在地上打起滚来，妈妈气得真想揍他一顿。

孩子的情绪化行为常常让家长们挠头：这孩子太难管了，遇点事儿就闹腾起来，虽然年龄小但也不能这么由着他来吧！是的，无论是六七岁的孩子，还是十来岁的孩子，他们都明白些了事理，有时候明知自己不应该情绪化闹脾气，但还是控制不了自己。

那么，如何教孩子能遇事冷静理智，不再慌乱失态呢？这要分别从冷静、理智两个角度入手培养孩子。

1. 教孩子遇事冷静

父母可以教给孩子一个很实用的遇事冷静的方法：深呼吸，通过呼吸能改善孩子的生理应激反应，让孩子激动的情绪逐渐平稳下来。当然，还有不少方法也都能起到相同的效果，比如，先走开一会，脱离当时的环境，也有助于让自己冷静下来；心里默念"冷静冷静，我能冷静下来"，这种心理暗示方法效果也不错。

2. 理智分析事情，找出解决方法

家长应教给孩子，情绪平稳下来后，还要做第二步——找出面前难题的解决方法，解决掉这个问题，不但能提高孩子的自信心，激励他们迎难而上，还有助于他们以后遇事更加冷静沉着。不同的问题有不同的解决方法，在刚开始时，家长可以和孩子一起去攻克难题，并及时总结经验，然后逐渐放手让孩子大胆尝试。

细节49：孩子自暴自弃怎么办

小仁是一名初中学生，不仅长得帅气，学习成绩也是数一数二的，不管是在学校还是在家里，都倍受瞩目。但是这次期中考试，不知道什么原因，小仁的成绩一落千丈，当爸爸看到他的成绩单时，狠狠的把成绩单摔在了地上。

“你最近都在干什么？我们辛辛苦苦供你上学，你就拿这样的成绩让我和你妈丢脸？从明天开始，你别出去玩了，什么时候成绩上来了，什么时候再说。”爸爸狠心地说道。

小仁的脸马上就变了色，眼里含着泪对爸爸说：“爸，我不是故意的，下次我会考好的。”

“下次考好了再说。行了，就这么定了，明天开始我会亲自监督你的。”

“可我和同学约好了去打球……”

“成绩都成这样了，还打什么球啊，明天给我早点回来。”说完，爸爸便不再听他说话，扭头回了书房。

小仁觉得很委屈，他只是一时失利，怎么爸爸只看到他这次的坏成绩，而没想起他以前的好成绩呢？既然这样，还不如一直坏下去。

小仁开始赌气，看着爸爸离去的背影，心里下定了决心：明天照样去打球，以后，再也不认真学习了。

小学和初中阶段的孩子不仅要面对课程学习的诸多任务，还要学着处理社会关系。因此，孩子的负担本就比较重，而这个时候他们常常希望父母能理解自己的困难，并及时给予指点，而不是一昧的增加压力。故事中，小仁的爸爸虽然很关心他，很希望他能成才，可是他没有深入理解孩子的心理，采取了最为简单也最令孩子厌恶的教育方式——不问青红皂白，只要成绩不理想就要受到责难和惩罚。小仁爸的这种方式给孩子带来了更大的心理压力，最后导致孩子逆反心理倍增，干脆自暴自弃了事。

那么，当孩子的成绩下降，没有达到家长的心愿时，作为成人的家长应该如何面对这种情况呢？儿童教育专家建议，首先，家长应摒弃粗暴对待孩子的想法，其次，家长在日常中也不宜给孩子过多的压力，应把教子的重点放在保持孩子的求知欲上。

1. **不要用粗暴的态度对待孩子**

当孩子成绩不理想时，家长感到自己的期望落空了，往往会批评孩子，或者言语苛责，又或者采取其他惩罚措施，这在他们看来，这是“孩子不打不成器”，给予严厉的管教才能让孩子听话好好学习。但事实往往与之相反，上文中小仁的事例已经说明这种方式的无效性了。更为严重的是，当家长习惯采用这种方式教育孩子时，孩子受其影响，性格也会变得暴躁、不讲理，不利于其性格的健康塑造。因此，为了“望子成龙”，家长也要放弃这种粗暴的教育方式，而采用更容易为孩子所接受，收效更显著地方法。

2. **给孩子压力不如保持孩子的学习愿望**

现在的独生子女家庭里，孩子受到父辈和祖辈的多重呵护，也往往承载着他们多人的心愿：都希望孩子能够成才，小时候是天才，成年后是大人物最理想了。但家长应能理解，理想和现实毕竟不是一回事儿，不能把自己的希望天天挂在嘴边，给孩子的精神带来沉重的压力。

细节50：给孩子一个发泄情绪的机会

元旦的时候，祺祺妈请了几个好朋友来家里吃饭，几家人拖家带口热热闹闹的聚在一起，整个家里充满了欢声笑语，直到夜幕降临，朋友们才相继离去。

收拾完家里的残羹剩饭，妈妈准备哄祺祺睡觉时，却发现她闷闷地坐在沙发的角落里，撅着嘴似乎在生闷气。

“祺祺，你这是怎么了?”

“妈妈是坏人。”祺祺莫名其妙地哭了起来，“呜……你们，都是坏人。”

“祺祺这是怎么了?”妈妈扭头去问身后的祺祺爸，爸爸摇摇头，表示不知道，还很不客气地说道：“准是闹脾气呢，别理她，小小年纪就这么大的脾气，都是惯出来的。”

“哇……爸爸也是坏人!”听到这话的祺祺哭得更伤心了，哭着哭着，竟然还在沙发上打起滚来。

祺祺爸忙了一天，现在早累得想发火了，看见女儿这样胡闹，不管三七二十一，一巴掌就打在了她的屁股上，并吼道：“快去睡觉，不准哭。”

“还没问清楚原因呢，你怎么就动手打孩子了，去去去，你回屋睡觉去吧。”妈妈生气的把爸爸赶回了卧室，然后抱着祺祺哄了半天，才听祺祺说：“他们说我长得又丑又矮，我很生气，可不知道该生谁的气。”

孩子的心理是脆弱而敏感的，他们会为喂鸽子吃食而兴奋，也会因为周围小朋友的一句贬损的话而伤心，也正因此，其情绪才会变化多端，让家长有种应付不及的感觉。如果赶上家长正在忙或烦心，孩子还可能再受到一顿批评。生活中，家长的情绪也有起起落落的时候，更何况孩子呢？因此，家长应及时了解孩子情绪变化的原因，对症下药才能收到事半功倍之效。更要注意的是，孩子还小，即使家长教会孩子管理自己的不良情绪，也很难立竿见影，还需要家长帮助孩子找到合适的情绪宣泄口，即给孩子一个发泄情绪的机会。

1. 理解孩子的心情

祺祺妈听后，才知道原来是今天吃饭的时候，小伙伴们的话伤到她了啊。在知道真相后，轻轻的拍着她的背，温柔地说道：“宝贝不知道向谁发火，就朝妈妈发火吧，妈妈来当祺祺的出气筒，怎么样?”

“不要。”祺祺突然一把抱住妈妈的脖子，一脸心疼的说道：“我不要妈妈伤心难过。”

知女莫若母，祺祺妈把丈夫赶一边去后，用自己的耐心和亲情化解了祺祺的烦恼。祺祺妈理解孩子的做法，让孩子的紧张、不满情绪得到极大的纾解，而孩子也会更感激妈妈，亲子关系更加融洽。

2. **允许孩子适当发脾气**

当孩子心里真有不痛快时，家长也可以让他痛痛快快地发泄一次，当然前提是不能骂人伤人也不能毁坏物品了。让孩子能发泄脾气的方式有很多，比如大喊大叫几声，拿市面上流行的发泄球、拳击球出气都是不错的办法。

3. **转移孩子注意力，制造其他“兴趣”**

艾米最近发现儿子的情绪有些不对劲，总是莫名其妙的和身边的人闹别扭，好像心里有什么东西，想发泄又找不到发泄的地方。

艾米怕儿子真的遇到什么难题了，就在这天晚上把儿子叫到了身边，问他：“儿子，你最近怎么了？好像脾气很不好。”

“没什么。”儿子撅着嘴，把脸撇到了一边，明显是有什么。

“不要对妈妈说谎，你告诉妈妈发生了什么事，妈妈帮你出出主意，好吗?”

“妈妈也帮不了我的。”儿子一时着急，吐出了真言。

妈妈微笑着对他说：“还是有什么事儿吧。妈妈会认真听的，告诉妈妈好不好?”

“……学校里，”儿子沉默了一会儿，终于开口了，“不开心。”

“这样啊，那我们就想点开心的事情怎么样?”妈妈提议，“想一想，学校里发生的开心事，说不定，就能让你忘记那些不开心的事情啊。”

“真的吗?”儿子像终于找到了救命草一样，眨着眼睛问道。

妈妈点点头，说：“当然是真的，妈妈不开心的时候，就会想一些开心的事情，这样，心情就会好多了。”

儿子听完，开心的点了点头，对她说：“那我和妈妈讲一讲学校里好玩的事情，好不好?”

“当然好，妈妈会认真听你说的。”妈妈重重的点点头，心里暗笑：终于把你的不良情绪转移走了吧。

艾米在和孩子的交流中，巧妙地转移了孩子的注意力，这就将他的不良情绪消解不少，更重要的是，她教会了孩子应对自己不良情绪的方法：多想想令人快乐的事情，把坏事忘掉。

细节51：改变孩子性格急躁的缺点

这一天，8岁的男孩立立抱着一本童话书找到正在客厅商量事儿的爸爸和妈妈，拉拉妈妈的衣角说道：“妈妈，你帮我读读这个故事吧”。

不过爸爸妈妈好像在说什么重要的事情，两个人显得都挺着急，谁也没有理立立。

“妈妈……”立立又去拉，妈妈甩手推开了他，看也没看他就说：“别闹，爸爸妈妈正忙着呢。”

立立委屈的往后退了两步，爸爸看见后，对妈妈吼道：“你自己脾气不好，干嘛对孩子发火，要发火，朝自己发去，每天急急躁躁的，没一件正经事。”

“你也没资格说我，你自己也是一样的，昨天是谁不让买衣柜就发脾气的？”妈妈瞪了他一眼，开始数落起来，“还有前天，看上一块手表，我说钱没带够，你马上就冲我发火，哼。”

爸爸一听妈妈这么数落他，顿时恼了，急躁脾气一下子就上来了，两个人一言不合，又吵了起来。立立站在一旁，看看这个，看看那个，吓的哇的一声哭了起来，还把童话书用力扔到了地上，坐在地上来回蹬着。

爸爸妈妈一见这情况，马上不吵了，纷纷来哄立立，要给他讲故事。

这样的情形又发生了几次后，爸爸妈妈发现，立立也受到了他们的影响，只要他的要求没有马上得到满足，他就开始哭闹，还总爱扔东西，脾气显得十分急躁。爸爸妈妈十分的后悔，难道是自己平时的坏情绪“传染”给儿子了？

故事中，在家长的影响下，立立在性格形成期也逐渐出现了做事急躁、没有耐心的特点，在让其父母感到很郁闷：学大人的好处没有看出来，这坏处倒学了个透。解铃还须系铃人，要想改变孩子这种急躁的不良性格，还需家长从自身做起，给孩子做个好榜样，再结合其他方式逐渐改变孩子的不良性格趋向。

1. 家长以身作则，做事不急躁

父母是孩子的第一任老师，也是孩子最亲近的人，这点是任何学校的老师都无法代替的。

因此，想让孩子有良好的品性，就要家长首先能以身作则，无论做什么事情都不能急躁，更不能因急躁而上火发脾气。即使有时偶尔出现这种情况时，家长也要及时和孩子说："爸爸这样做是不对的，不能学爸爸这点哦。"让孩子从心理上认识到，急躁的性格是不好的，不应该学。

2. 让孩子明白：很多事情不以自己的想法为转移

有时候，孩子产生急躁的原因是没有耐心，他希望自己想要的东西马上就能出现在眼前，希望自己想做的事情立刻就能做成，想法落空后产生的不良情绪，却没有意识到这个世界并不是围绕自己转的。对此，家长应及时告诉孩子这样的道理：任何事情都有自己的特点，无论是要什么东西，还是做什么事情，它们都有自己的时间性，我们强行要求也是不管用的。

越早让孩子明白这样的道理，孩子日后就越少出现急躁的性格。

3. 教孩子在做事前先检查一遍准备工作

孩子年龄小，本就是性子不稳重的时候，当他们打算做什么事情时，往往将其过程和难度想的过于简单，只记着做成后的好处与快乐，自然会表现出急不可耐的样子。但是，孩子越有这样的心理，越常常出错，以致愿望落空。受到这样的打击，则心里更为急躁。因此，家长可根据孩子的这个特点，教他这样一种方法：无论打算做什么事情，在做之前都要检查一遍准备工作，再思考下自己打算怎么做。久而久之，孩子就会养成准备周密、做事稳妥的性子。

细节52：让孩子在谦虚中不断进步

9岁的薇薇是个很有音乐天赋的女孩，歌唱得好，钢琴也弹得非常棒，凡是听过她唱歌、看过她弹琴的人，无一不对其大加赞赏。

很长一段时间里，妈妈带薇薇外出或去别人家做客，常常会听到许多赞美女儿的话。

“你女儿真聪明，将来肯定是个艺术家！”

“哇，你女儿太漂亮了，还这么有才华！”

“你家女儿真棒，真让人羡慕，要是我也有这样一个女儿就好了！”

“真是百闻不如一见，你女儿果然多才多艺，你真是好福气啊！”

……

听到这样的话，薇薇的妈妈心里当然是美滋滋的。可她没想到，在过多的表扬声中，薇薇竟渐渐骄傲起来，越来越不懂得谦虚，有点得意忘形，有时还刻意贬低别人。

一次，薇薇去上钢琴课，有个同学因进步比较快，被老师表扬了。回家之后，薇薇就一脸蔑视地说：“妍妍弹得那么烂，我都快听不下去了，老师居然还说她进步快，真不知道她们是怎么想的。”

“谦虚使人进步，骄傲使人落后”，薇薇的妈妈很清楚这一点。所以，她决定想办法改变薇薇骄傲自满的心态，让她明白只有谦虚谨慎的人，才能看清自己，看清别人，并博采众长，在“百尺竿头”上更进一步。

在孩子还不够成熟，认识世界的能力和自我控制能力都比较差的时候，要让他学会谦虚做人，家长就该承担起更多的责任，想方设法防范其产生骄傲情绪。生活中，家长可以从以下方面入手培养孩子谦虚谨慎的品质：

1. 让孩子认识到骄傲自满的危害

骄傲之人往往听不进别人对其有益的劝告，也不愿意接受别人友好的帮助，且大多数情况下，他们只欣赏自己，对许多事物都会失去客观评价的标准。

所以，平时生活中，家长要通过讲故事或身边人的事例，告诉孩子“骄傲”会严重阻碍自己继续前进的步伐。

2. 对孩子的表扬要适可而止

家长表扬孩子，这本身没有错。但有时，孩子受到周围人过多的表扬，很可能会渐渐产生骄傲情绪。所以，孩子成长的过程中，家长应把握好表扬孩子的“度”，应实事求是地给予其正确的评价。

3. 让孩子虚心接受别人善意的批评建议

当局者迷，旁观者清，很多时候，孩子对自己的缺点和不足，都没有一个客观、清晰的了解。这时，家长应鼓励孩子虚心接受别人善意的批评建议，告诉他只有这样，才能更清楚地了解自己，进而不断充实和完善自己，以取得更大进步。

平时生活中，家长可以经常和孩子一起分析名人的成功之道，引导孩子意识到凡有所作为者，无一不是谦虚谨慎的人。

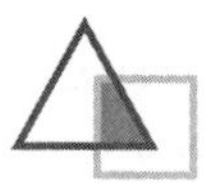

细节53：帮孩子克服偏激的心理

7岁的男孩小瑞平时比较乖巧，但遇到不如意的事情，他往往会用偏激的方法来处理。

小瑞喜欢吃甜食，有几次，他想在饭后吃很甜、热量高的点心。但出于健康的考虑，妈妈不允许他吃。这时，他会听妈妈的话，不吃甜食，可过后他会小声说：“不让我吃，我要把它扔到地上踩扁。”

原本，妈妈以为小瑞只是说气话，不敢真的把点心踩扁。可没想到，妈妈一不留神，小瑞就真的那样做了。后来，妈妈再听到小瑞说类似的话，就会立即严令禁止他采取行动。可扔食物的行为被禁止后，小瑞又会把家里的剪刀、电池、烟灰缸、毛巾等丢进垃圾桶。

不仅如此，有时小瑞的一些要求不太合理，爸爸妈妈不答应他，他就会生气地用自己的头撞墙，任谁都没办法劝服。爸妈不知道小瑞为什么会变得这么偏激，容易走极端，他们越来越担心，不知道该用什么方法帮孩子克服偏激心理。

生活中，有些孩子凡事爱走极端，跟人交谈时容易“抬杠”，动不动就争论得脸红脖子粗，这些都是其偏激心理的表现。

一般来说，孩子的偏激心理会表现在三个方面：对人事物的认识上、个人情绪变化方面以及为人处事时的各种行为中。偏激的人往往是自负的，自我评价过高，常常固执己见，并带着有色眼镜看待别人或别的事物，喜欢挑别人的“刺”，且容易怨天尤人，只求回报，不计付出；偏激的人往往会以个人好恶或凭一时之气来论人论物，很容易表现出暴躁、易怒等情绪特点；偏激的人在行为上也表现得莽撞冲动，常常会采取暴力措施解决某些问题，如在朋友受“欺负”时二话不说就站出来帮他打架，还将此视为“讲义气”。

总之，偏激的孩子很难正确对待身边的人和事，很难和别人友好相处，这会对其成长和未来发展造成许多危害，有些行为十分偏激的孩子，甚至为此付出了生命的代价。因此，孩子成长的过程中，家长要尽早采取措施预防或消除其偏激心理，具体方法可参考以下几种：

1. 要尊重但不过分迁就孩子

生活中，如果家长总以一个“权威者”的身份教育孩子，不尊重孩子的意见和想法，不管他的要求是否合理，都一味地否决，并强迫他做自己并不喜欢的事，长此以往，他就会产生各种不满情绪及对抗心理。而孩子的知识经验和处理问题的能力有限，要对抗家长，他们或许只能冒险走极端。

另外，当孩子提出一些不合理要求时，家长若因过分溺爱他而无条件地满足其要求，过分迁就他，久而久之，他也会变得自私任性、偏激固执。

所以，要保证孩子身心的健康发展，家长要注意尊重孩子，要适当满足孩子的一些合理需求。而对孩子的不合理要求，家长也应严词拒绝，并心平气和地向孩子阐述理由，让他也试着理解家长。

2. 教孩子学会自我疗法

生活中，孩子时常会遇到一些不如意之事。这时，偏激的孩子很容易走极端，对世间的一切都失去信心与希望，或采取一些非常手段发泄自己的情绪。

例如，某次考试的成绩不理想，有些孩子会说“考砸了，以后没什么希望了”，有些孩子可能会说“考这么差，再也不想上学了”，有些孩子还可能会生气地撕了试卷、扔了所有学习用品；某个孩子被同学欺骗了，他可能会说“世上没有一个好人，看来我只能相信自己”，也可能会将此看做自己的耻辱，并下决心打击、报复那个欺骗他的人。

孩子产生这类想法或行为，家长千万不能置之不理，而是要及时帮助孩子分析问题，帮他消除各种不合理观念。具体来说，家长可以告诉孩子：一次考试的成败不能说明太多问题，这次考得不好，以后继续努力，吸取教训，就一定能取得更好的成绩；某某骗了你，这是他不对，但真正关心你、爱护你的人还有很多。

家长时常教孩子用这种积极乐观的心态对待周围的人和事，渐渐地，当孩子遇到其他不如意之事时，就会先试着客观地分析问题，并用一颗宽容、豁达的心待人处事。

3. 鼓励孩子多与周围人交流沟通

人与人之间出现嫌隙或矛盾，良好的沟通是解决问题的一个最重要途径。

平时生活中，家长应鼓励孩子多参加集体活动，让他体验交友的乐趣，并在这个过程中更多地接触社会生活，丰富自己的知识和阅历，如经常带孩子外出旅行、参观博物馆、到少年宫参加有益的社交活动等。这样，孩子认识世界、分析问题的能力会逐渐提高，在面对周围的一些人或事时会变得更加理性，会冷静地与人交流沟通，以寻求解决问题的最佳方案。

第八章

提高孩子学习效率的9种性格培养细节

当孩子上学后，其成绩的高低就成为家长牵挂的一件大事了，但孩子毕竟还小，学习效率较低，成绩变化比较大，常常出现这样那样的问题，这让家长有些揪心。他们想方设法帮助孩子提高成绩，但是效果往往不甚理想。其实，如果能换个角度考虑：与其单纯在提高成绩上下工夫，不如从培养孩子良好的学习习惯入手，让好的习惯成为孩子品性的一部分，那孩子的学习效率和成绩还用担心吗？

细节54：培养孩子认真细致的性格

在我国古代，有一位朝廷大臣喜欢在闲暇之时游山玩水。有一次，他处理完公务后带着仆人去周边的山上欣赏风景。此时，正值春暖花开时节，山中有很多美景。这位大臣流连忘返，在接近黄昏时，他们已经来到了深山中。于是，他们急忙寻找可以住宿的地方。

他们在天黑之前找到了山腰处的一户人家。他们在这户人家中请求借宿。主人看到来了大官，连忙招呼全家人一起帮忙接待。主人的孩子约十来岁，主动帮助父亲烧水。他将烧开的水放入倒入水壶中，在水降温后，他用干净的碗盛满了温水恭敬地请这位大臣喝，并给大臣的随从也准备了干净的饮用水。

在大臣喝完这一碗水后，孩子又到了一碗有些热的水给他，并将山上的野茶放入碗中请他品尝。大臣尝后感到茶水非常清香。他连声称赞，问小孩为什么送两次水？

孩子解释说："大人在山里走了一天，又累又渴，所以先给大人一碗温水解渴，第二碗是适合泡茶的温度，请大人品茶。"

大臣听后非常欣赏这个孩子，便提出收留他做自己的书童以悉心培养。后来，这位孩子在大臣的教导下成为国之栋梁。

自古至今，凡是能够成就伟业的历史名人们，都有一个共同的特点，那就是：认真细致。而这种性格的形成显然不是一蹴而就的，而是从小就养成的习惯使然。现在，孩子们的生活和教育条件，比之古人们强出太多了，但往往学不好知识，做不好事情，让家长们甚为头痛，这既和孩子年龄小本就"坐不住"有关，也和孩子自小所受到的家庭教育中缺少"认真细致"这一内容不无关系。

既然如此，眼看着孩子一天天的长大，怎样才能给他补上这方面的内容呢？我们一起来看看儿童教育专家提出的两个简单易行的方法。

1. 用围棋、绘画等方式教孩子学会耐心细致

孩子的天性就是活泼好动，喜欢新鲜事物，而对看似枯燥的学习课程，需要动脑筋的作业等自然兴趣较少了。这时候，家长如果强迫他们去钻研这些内容，效果往往事倍功半，而如果从锻炼他们的耐心入手，这方面的性子磨炼一段时间后，再提高学习成绩就会好很多了。对家长来说，用围棋和绘画来吸引孩子的兴趣，进而在钻研这里面的学问的同时让孩子逐渐学会认真细致地学习和做事，是个不错的选择。

2. 父母故意“粗心”，不帮孩子“兜底”

当孩子写完家庭作业后，不少家长都会将他的作业本拿过来看一下，一是了解孩子的学习进度，二是看看孩子写的有问题没，发现错误的地方，自己也可以及时纠正。而这种关怀的行为往往会让孩子形成这样的印象：反正爸爸妈妈最后还要看一遍呢，有问题他们都会说的，我就不必那么认真了，最后写完的检查也是应付下就行。这种情况下，家长不妨学学洋洋爸妈的方法，不管“审查”了，让他为自己的粗心大意受受教训，既能会让孩子真正意识到“认真细致”的重要，还能让他们明白“凡事应该依靠自己”，不能全依赖父母。

细节55：培养孩子讲求效率的性格

小贝是个10岁的女生，今年刚上四年级。以前每次听到同事抱怨自己的孩子有“多动症”，总是毛毛躁躁静不下来，小贝妈都会庆幸自己的女儿不急不躁、沉稳安静，让他们两口子少操了很多心。

可是四年级的作业量陡然加大，打的小贝一家措手不及。以前轻轻松松就能解决的家庭作业，现在不到晚上十点都做不完。孩子还是长身体的时候呢，睡眠时间都保证不了的话，怎么能健康成长呢？

小贝妈问了问小贝的同班同学，知道人家每天8点钟就能洗澡睡觉了。她意识到自己的女儿虽然细心，但学习效率太低了，这样参加考试的话会很吃亏的。

从此小贝每天放学回来，妈妈就陪着小贝写作业。看着孩子认真、细致地一道题接一道题的慢慢计算，不知不觉一个小时就过去了，数学还没有写完呢。小贝妈发现女儿虽然没有一边写作业一边玩，但是她做一道加减乘除混合运算的题竟然用十分钟的时间，也太慢了点。

吃过晚饭背诵课文吧，一篇在家长眼中很短的文章，小贝用了半个小时还没有背下来。你看着她在那一遍又一遍的朗读，读完之后还闭上眼睛回忆课文内容，那么认真让人不忍心催她快一点。可是还有英语和科学需要预习呢，什么时候孩子才能洗澡睡觉呢？小贝爸妈由孩子写作业慢推及到做其他事情，很沮丧地发现自己的孩子无论做什么事情都没有考虑过“效率”这个词。她总是按照自己的方式做事，虽然做得很好，但时间比别人多用了一倍还不止。

孩子做事磨蹭，没有效率是很多家长都苦恼的事情，这样的孩子往往将一小时能完成的作业拖成三四个小时才勉强搞定，即使是家长批评也只是好上一会儿，等家长一回头就又故态复萌了。孩子之所以出现这种情况，主要原因是年龄小，自记事开始在家里无论是学习也好玩耍也好，都没有很强的时间效率要求，大都是随着孩子的兴致来，导致孩子上学后，才开始这方面的要求。

然而，习惯的力量是强大的，要想让孩子改掉这种学习拖拉、没有效率的状况，需要家长从根源入手，逐渐改变孩子的学习习惯。具体来说，家长的“效率教育”可以从以下两个层面入手。

1. 教孩子学会集中精力

家长可以先从孩子喜欢的课程入手，如唱歌、小实验等都可以，告诉孩子“在唱歌的时候不想其他事情”“把和音乐无关的玩具从钢琴上拿走”，给孩子一个安静的学习环境，然后让孩子尝试集中精力学习，一般在自己喜欢的课程方面，孩子的精力比较容易集中，持续的时间也比较长。在此基础上，家长可以和孩子一起讨论这样学习的好处，这么短的时间就高质量完成了学习任务，不但是聪明的表现，还可以有更多的时间自己支配，如玩耍啊，看课外书啊等等都可以的，以提高孩子的兴趣，促使他在其他课程上也提高效率。

2. 对孩子进行时间管理

在教孩子学会集中精力后，家长就可和孩子一起制定个切实可行的日常时间管理表，每天的主要安排、大致花费的时间都写好，当孩子能按照时间表完成学习任务时，就会得到表扬，当孩子的效率进一步提高时，更可以得到更重的奖励，让他体会到成绩、玩乐两不误带来的好处。

细节56：培养孩子良好的时间观念

浩宇是个活泼好动的男孩子，今年10岁了，下半年就要上四年级了。在学校憋了五天，终于到了星期五，浩宇可高兴了，还没放学就开始计划周末怎么玩。

他回到家里先打了一局游戏，然后开始研究爷爷上周给他新买的变形金刚模型。一大堆“擎天柱”的零件摆了一地，还没组装好呢，就有小伙伴同学来敲门，邀他一起到楼下的广场玩。

爸爸看到儿子玩得满头是汗，就没有催促他写家庭作业。反正还有周六周日两天呢，就让儿子放松一下也好。周末爸爸妈妈都上班，浩宇跟着爷爷奶奶可算是自由了。周六，他一觉睡到自然醒，奶奶就给他做了一顿丰盛大餐，算是早餐和午餐一块解决了。下午跟着爷爷去公园钓鱼，浩宇可没有耐心等待鱼儿上钩，他自己到公园的儿童娱乐城玩的不亦乐乎。

晚上妈妈问浩宇周末的作业写完了吗？浩宇满不在乎地说不是还有星期天吗，不着急。

第二天浩宇照例又是睡了大懒觉，奶奶再三催促，他才不情愿地穿衣起床。

“小宇，你妈妈来电话了，让你别忘了写作业！”奶奶跟在浩宇后面传达妈妈的意思。

“知道了，知道了，奶奶，我忘不了！”浩宇把奶奶推到厨房，把周末的作业都摆在书桌上。

数学、语文和英语，到底先做哪一个呢？浩宇觉得数学最简单了，他就决定先做数学。可是中间有一道题不会，他把数学推到一边，做起语文。语文还有作文没写，他又拿起了英语。这样忙乎了两三个小时，没有一科顺利完成的。

爸爸妈妈下班回来，看到儿子不能正常作息，知道孩子的时间观念该改改了。

家庭里，不少家长对孩子放学后先玩再写作业的行为往往抱着“睁一只眼，闭一只眼”的略有纵容的心理，总是心想“自己的宝贝孩子学了一天（一周），也挺辛苦的，先放松下没有什么的”。想法是好的，但是用在自制力本来就比较弱的孩子身上，就有些不合适了。因为大多数孩子都没有时间观念，一玩起来就会忘乎所以，至于学习的事情早忘了；而且孩子本就不善于管理自己的事情，做事比较随性，最后自然会耽误学习了。

因此，为了培养孩子良好的时间观念和做事习惯，家长应及早动手，积极采取措施，帮助孩子改掉这些不良的习性。具体来说，家长可以参考以下方法教育孩子。

1. 让孩子明白时间的重要性

让孩子珍惜时间，合理安排自己的事情，都离不开一件事情：让他先明白时间的重要性。

对年龄较小的孩子来说，通过故事和一定的夸奖等就能让他明白“时间很重要，我重视时间，妈妈就会更喜欢我”的道理，以促使他珍惜时间。

对于年龄大些的孩子来说，家长仅靠讲故事和几句道理还是不够的，要想达到理想的效果，还要采取一些特别的措施，比如让男孩子参加少年军校，进行篮球、乒乓球等限时性的运动，让女孩子参加照顾“病人”、学做饭等时间性要求比较强的活动，在实际的事情中，让他们明白无论什么事情都是有一定时间要求，要想做好，就要对时间加以重视。

2. 教给孩子“先学后玩”和“先重要后次要”两个原则

在孩子明白了时间的重要性后，家长可以进一步教他们如何合理安排事情，才能有效地节省时间。

第一个要告诉孩子的原则就是“先学后玩”，无论是日常放学还是周末还是寒暑假，都要求孩子要先完成作业，然后再去玩，为了保证效果，家长可以制定一些奖罚措施，如果孩子在一周（一月）内照做了，就会有奖励，如果没有照做，就会有适当的惩罚，如拖地、刷碗等。

第二个要教给孩子的原则就是“先重要后次要”，当孩子面对好几件事不知如何安排时，家长应教给他们先做最重要的事情，然后再做不重要的事情。在具体的写作业中，就不是简单的“先重要后次要了”，为了合理利用时间，就要采取“先易后难”的方法了，先把容易做的作业完成，然后专心攻克难度较大的作业。

细节57：让孩子拥有举一反三的能力

朱艺林是父母眼中的乖孩子，老师眼中的好学生。他非常听话，从来不和老师家长对着干。可是，自从朱艺林上了小学二年级后，妈妈发现自己的孩子太听话了也不是绝对的好事。

晚上吃过饭，妈妈说：“林林，帮妈妈把碗洗了吧，妈妈工作了一天很累了。”

“好的妈妈。”朱艺林很痛快地把桌子上的两个饭碗都拿到厨房去洗干净了。

妈妈躺在沙发上休息，看到餐桌上还剩着筷子、盘子等，就问儿子“林林，怎么光洗碗，不洗别的啊?”

朱艺林一脸无辜：“妈妈，可是您只让我洗碗，没说让我洗筷子，洗盘子啊!”

妈妈听了宝贝儿子的解释，哭笑不得，只好自己起来，收拾好了桌子。

朱艺林写作业，妈妈发现儿子不论是组词还是造句都没有一点让人眼前一亮的句子。他的词语都是老师上课时提到过的，虽然没有错，但也太墨守成规了一点。

趁儿子睡着后，妈妈给出差的爸爸打了电话，讨论了孩子的问题。夫妻俩一致认为朱艺林最大的问题是太保守了，没有把思维发散开，用老师的话来说就是不能做到“举一反三”。

爸妈担心在这个处处都讲究“创新”的社会，林林长大了可怎么办呢?

林林的最大问题是不会创新，做事墨守成规，无论是老师安排的作业，还是父母交代的任务，只会机械地照做，这样的孩子虽然让老师家长省心，但不让人放心。孩子犹如旋转木马似的，推一推，转一转，从不动脑子，久而久之，这种习惯一旦沉淀为习性，成为性格中的一部分后，更加难以纠正了，很难在社会竞争中立于不败之地。

因此，家长应及早动手改变孩子的这种惰性思维，具体来说，就是从改变孩子的思维习惯入手，逐步养成良好的行为习惯。

1. 鼓励孩子多问“为什么”，激发孩子的求知欲

王颜的女儿李非今年9岁了，念小学三年级。凡是教过李非的老师都对这个学生赞不绝口，说她不但聪明、勤奋，还善于思考。

王颜在家长会上作为家长代表谈到自己对女儿的教育，说了这样一段话。

“我们的孩子都喜欢不停地问问题，这些问题有的很傻，有的很有意思。有的教育专家说孩子有问题是好奇心、求知欲的表现，家长不能打击孩子的积极性。我觉认为，家长最重要的不是一一解答孩子的问题，而是先要分析一下孩子的问题属于哪种类型。”

“如果她问我具体的某个字怎么写我就会告诉她自己去查字典。”

“如果她问我某一个数学公式是怎么推导出来的，我会很有兴趣地和她一起讨论。哪怕她说的完全不靠谱，我也不会笑话她。”

“在我看来，举一反三更重要的是这个一掌握牢固了，才可能有三的出现。想让孩子达到三的效果，多让她读课外书是非常有必要的。”

王颜对孩子的教育方法值得家长们参考，从鼓励孩子提问入手，激发他的求知欲，在此基础上一起探索问题的答案，这对于拓展孩子的思维能力，有很大的帮助。

2. 用游戏的方式培养孩子的发散性思维能力

在日常生活中，家长还可以用猜字谜、编故事等游戏，培养孩子的发散性思维，让他能拓宽思路，提高想象能力，逐渐摆脱就有思维的束缚。

3. 鼓励孩子把发散性思维用在学习和生活中

在孩子有了一定的发散性思维基础后，家长应鼓励他将这些方法应用到学习上，如，一个问题看看是否能有多种答案，从一道题中能否多总结出几个心得，对一门课程能否有多种学习方法，比较看看哪种方法更有效果等等。在生活中，这种思维方式更是用途广泛。当孩子适应了这种思维方式的实际应用后，就能逐渐摆脱以往的“机械式”的学习和生活了。

细节58：培养孩子刻苦钻研的性格

胡锐属于那种让人看一眼就觉得聪明的孩子，可是上了好几年学了，他的成绩从来没有好过。胡锐现在是小学四年级了，经历过的考试也不算少了，没有一次的成绩能让家长和老师满意的。用他们班主任梁老师的原话来说，“胡锐在学习上缺少一种刻苦钻研的精神”。

听老师这样评价自己的孩子，胡锐父母有点难为情，觉得孩子养成这样的性格与自己平时的教育方式不无关系。平时在家里玩，胡锐就表现出对什么事情都三分钟热度，不懂得坚持下去。比方说搭积木，他总是在搭到七八层轰然倒塌之后不再尝试继续往上搭，一点耐心都没有。爸爸用同样的积木，很轻松就能搭到15层那么高。胡锐虽然羡慕爸爸技艺高超，但爸爸没有趁势鼓励儿子继续尝试。还有就是学数学的时候，每次有比较复杂的运算，胡锐都会招呼老爸用计算机替他来运算。老爸还觉得自己的儿子真有头脑，是做老板的人才，这么小就知道利用资源为自己服务。

如今爸爸妈妈都被老师点名批评了，让两口子惊醒他们在教子方面存在很大的误区。可胡锐毕竟只是10岁的孩子，总不能让他学古代的读书人“头悬梁、锥刺股”吧。胡锐父母觉得很为难，不知道该怎样帮助儿子培养起刻苦钻研的性格。

从上面的事例可以看出，胡锐的爸妈在子女的教育方面，确实做得不到位。在家庭教育中，孩子的求知欲没有得到鼓励，也没有得到指点，时间长了这方面的动力就会渐渐消失，出现老师所说的“在学习上缺少一种刻苦钻研的精神”就不足为怪了。看着可爱的孩子，让他这么小就刻苦学习，不少家长在内心里都会有些不舍。但众所周知的是，孩子在12岁以前是性格形成的关键期，7岁左右是“潮湿的水泥期”，这这几年中，如果不让孩子形成良好的学习习惯，长大后再纠正恐怕效果不彰了。因此，为了孩子的将来，还是从小就让他受些磨炼的好。

专家认为，培养孩子的刻苦钻研的精神，家长不可操之过急，选好“突破口”，徐徐图之，以下两种方法供家长参考。

1. 从兴趣入手，鼓励孩子坚持钻研

“兴趣是最好的老师”，培养孩子不怕苦的学习精神，家长不妨从孩子的兴趣入手。一般来说，对于和兴趣相关的事情，孩子还是比较容易接受的，家长鼓励孩子对喜欢的事情做精做好，就是钻研的具体体现。在钻研中出现难题时，家长应不失时机地出来赞扬孩子的成绩，鼓励他继续，争取取得更大的胜利！

2. 给孩子找个榜样

有的家长为了激励孩子积极向上，会给孩子讲些名人伟人刻苦努力的故事，这些故事对孩子有一定的促进作用，但离孩子的现实生活往往比较遥远，其作用反倒不如孩子身边的例子大。比如孩子的好朋友，学校的三好学生，本市的优秀学生，以及少儿学习报刊中的一些真人实例。家长可多找些这样的事例给孩子看，以激发他不怕困苦的精神。

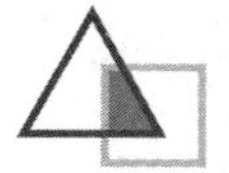

细节59：教会孩子如何学以致用

已经读初一的周舟放学回家，走到小区大门口的时候，发现一位物业的叔叔和一位外国人正在比划什么。两个人语言不通，都明白不了对方的意思，十分焦急的样子。老外也很有意思，看到周舟戴着眼镜就以为这位同学一定能帮忙，就冲着他很有礼貌地说：“Can you speak English?”

周舟一愣，学了这么多年英语了，出于本能，这句话他还是会回答的。他很自然的回答“I Can!”物业的叔叔看到他点头，老外听到他的回答都松了口气，终于有明白人来了。物业叔叔就告诉周舟：“同学，你告诉这位先生他住在我们小区，该交物业费了。”

周舟傻了：“我可没有学过物业费怎么翻译啊。我们只学习什么苹果橘子、熊猫老虎这样的名词和一些最基本的打招呼这样的日常用语，这么实用的物业费三个字还真是不知道。”

老外和物业叔叔一脸期待地等着周舟说话，他憋了半天，说了一句：“I am sorry!”就丨“落荒而逃”了。

周舟回到家，向爸爸说了自己尴尬的遭遇。爸爸听了，深思了一会说“你从小学一年级就开始学英语，到现在已经6年多了。可是一次真正与外国人对话的机会，刚一句话你就撑不住了。看来你的口语想要学以致用需要更多的与人面对面交流啊！这样吧，从这个学期开始，我有时间就带你到公园去找外国游客，让你自己去交流。只有意识到自己的不足，才能有进步。”

周舟遇到的尴尬事儿不是个例，而是带有普遍性的问题：如何能够学以致用是我们孩子面临的一个大问题。这其中既有孩子重“学”不善于“用”的原因，也有我们师长在这方面也不甚注意的原因。但外语也好，其他技能也好，都有一个共同的特点，就是“用进废退“，再擅长的能力，长时间不应有，就会慢慢退化，待到真正需要时，已经迟了，现在我们国人学英语，大多数都是单词背的滚瓜烂熟，语法比老外还精通，但就是不会说，可以说几乎是白学了。

试想，我们家长都不希望自己的孩子以后也出现这样的情况吧？那么，我们就从现在开始着手培养孩子的学以致用的精神吧！具体来说，可以分为以下两步走。

1. 将课堂知识转化为社会知识

盈盈今年12岁是六年级的小学生。这个学期她学习了分数的知识，数学课上总会遇到很多关于商场打折方面的题目。

周末，妈妈要去商场买东西，特意带上了盈盈，想考一考她能不能将自己学到的数学知识学以致用。一双很漂亮的帆布鞋在搞活动，原价是168元，顾客可以选择八折优惠购买，或者原价购买返40元代金券两种消费方式。

妈妈微笑着看看盈盈，让她算一算怎样买更优惠。盈盈拿出笔记本，算了两笔账。打八折的话，妈妈需要付134.4元，比原价购买节省33.6元；返券的话，妈妈可以花168买到一双鞋，还可以免费得到价值40元的其他东西。

她把两种结果都提供给妈妈，让妈妈选择。妈妈很高兴，女儿的数学知识不再是死死的书面知识了。

盈盈妈的方法就很值得借鉴，将逛街购物这样一种休闲娱乐方式化为寓教于乐的数学课了，既让孩子有买到新衣物的兴奋，又能将枯燥的数学课具体为买东西的价格比较，将数学知识实用化了，更是了解了粗浅的经济学知识，知道如何才能更好地少花钱多办事。

2. 及时总结，步步提高

孩子的年纪比较小，一般都是善于学习但是不善于总结，在生活中学以致用后，家长应及时引导孩子总结这样做的利弊，并一起探讨如何才能做到更好。相信一段时间之后，孩子的归纳总结能力会有较大的提高，同时学以致用的能力也有相应的提升。

细节60：培养孩子从实践中学习的性格

江昊12岁了，明年就升初中了。周末，江昊在书房玩游戏，老爸老妈坐在电视机跟前看老版的《三国演义》。爸爸忽然招呼江昊出来，让他看一会电视。

"爸爸，我不喜欢看古装剧。您就别难为我了，好吗?"江昊给爸爸又是拱手又是作揖，滑稽的样子逗得妈妈扑哧一乐。

"儿子，你不是自称知识丰富吗?我让你来看看这段电视剧有什么穿帮的地方?"爸爸一副"挑衅"的口气。

江昊二话不说，坐在爸爸身边，仔细观察起来。这一集讲的是曹操带兵，刚刚约法三章，不准"马踏青苗"之类的，他自己的战马就吃了田边的玉米。为此曹操削断了一缕头发，算是对自己做了惩罚。

“没什么毛病啊，难道群众演员表演的不到位也算穿帮不成?”江昊没好气地告诉老爸他的想法。

“真的吗？我记得你前两天看电视纪录片，里面讲到了我们常见的几种食物是从国外引进的，当时你还很惊奇呢。”爸爸假装漫不经心的提示了一句。

“对啊，葡萄、石榴都是从西域传来的，西红柿和玉米都是南美洲引进的，其中玉米是明朝才传到中国来的。呀，我知道了，三国时候不可能出现玉米地的。”江昊很兴奋地将自己知道的相关知识说了出来。

他不好意思地挠挠头：“爸爸，课堂外面学到的东西我没有特意去记忆嘛，不过比课本上的有意思多了，以后记起来也很容易。”

儿子能够意识到自己的不足，让爸爸妈妈非常欣慰。

在学习方面，很多孩子都有这样的认识“在学习、在课本上学到的才是知识，而课外接触的都是不重要的信息，不算是知识，主要是用来娱乐的”。一些家长也有类似的想法。其实，这是有失偏颇的。在孩子成长的这个阶段，他接触到的一切都可以作为知识来学习。尤其是在现在提倡素质教育、情商教育的时期，单单靠在学校的学习，是不足以完成培养优秀孩子的要求的。而且，这样的认识还割裂了学校和社会的联系，使孩子求知的眼光变得狭窄，让孩子的思维也变得单一了。

因此，为了让孩子能健康成长，学到更多更有用的知识，家长应鼓励孩子从实践中学习新知识，培养“求真、求实”的优秀性格。具体来说，家长可以从以下三个方面入手教育孩子。

1. 告诉孩子“处处留心皆学问”的道理

让孩子能从实践中学习，首先就是要让他在思想上能提高认识，然后才会有正确的行动。这时，家长可以将“处处留心皆学问”这句名言作为座右铭送给孩子，并举出生活中的各种事例，告诉孩子“其实只要你留心了，在什么地方都能学到知识”，比如从日常的天气变化，学习自然知识，从人际交往学到语言的组织和表达，从一日三餐的饮食中学到生理学的知识等等，这样一来，孩子的眼界就会开阔许多，学习起来也会感到更加有趣了。

2. 鼓励孩子从书本外学知识

有了上面的认识基础了，家长就可以在孩子完成作业后，鼓励他放下课本，对身边的生活多观察多了解多提问，然后多主动寻找答案，必要时，还可以根据孩子的要求，带他去动物园、科技馆、博物馆等地方，在游玩中学习到新的知识。

3. 教孩子把课堂内外的知识结合起来

赵眉是一名苏州的女孩，今年10岁了。她在语文课上学了几篇课文，描写的都是北京的风景。长城、故宫、天坛这些名胜古迹在老师的描述中“雄奇壮丽”，让见惯了秀美水乡的赵眉心生向往。十一黄金周，赵眉和妈妈跟着旅行团来到了北京。

她跟着妈妈在故宫的高墙之间穿行，体会到了什么叫“皇家气象”、什么是“肃穆庄严”，什么是“劳动人民智慧的结晶”。登上长城，她体会到了“不到长城非好汉”的气魄，还联想到了社会书上老师讲过的修长城是为了抵抗北方少数民族的入侵以及奶奶讲过的孟姜女哭长城的传奇故事。兴奋新奇之余，她对这些伟大建筑是如何建起来的分外感兴趣，在每一处地方，她都观察的很仔细，也很用心地向工作人员咨询，学到很多建筑知识，还知道了不少古代历史和文化的知识。

回程途中，赵眉兴奋地告诉妈妈，这次北京之行让她加深了对课文的理解，也让她对祖国的悠久历史、灿烂文化产生了兴趣。妈妈很高兴，这一次跟团旅游没有白来。

赵眉的妈妈在孩子有了一定的知识基础后，根据她的要求去北京游览，在游览中学习新知识。他们的行为就是在上一点的基础上，更明显地将课本知识和课外知识有机结合，这让孩子学的更扎实更全面。

细节61：教孩子从自己做错的题中学习

孟飞翔是一个13岁的女孩，今年读初一了。她在小学期间，成绩一直很稳定，不算拔尖但也不坏，总是在中上游徘徊。父母早也习惯了女儿的这种状态，认为她如果到高考的时候也能保持中上水平的话，也不错了。

可是上了初中，孟飞翔发现原本一个年级只有200多人的小学到了初中竟然有了1000多人。在这么多同学中保持中上游的水准可不太容易了。一开始，她还是像以前一样听讲、写作业、玩耍，可是第一次模拟考试之后，她的家长就被老师请到学校，接受了"教育"。

爸爸从老师口中得知，孟飞翔的失误在于从来不会从失败中吸取教训。老师还打开孟飞翔的作业本让孟爸爸看，老爸这才知道自家姑娘都入学快两个月了，正负数的混合运算还没有掌握呢。凡是涉及到这方面的题，她都没有做对过。即使老师在课堂上讲解过了，女儿也没有理解，下一次碰上，照错不误。

做错了题，却不知道错在哪里，即使知道了原因，在下次做类似的题时，往往还会出错。

孩子的这种"顽固性"的错误往往让老师和家长十分头疼：那么容易的问题怎么就能屡屡做错呢？我们也知道这是孩子不善于归纳总结的缘故，但是纠正起来往往效果不明显。原因在哪里呢？其实就在于孩子"不知道为什么总结""不知道怎么总结"，即孩子归纳总结的逻辑性思维习惯没有形成，纠正错误习惯自然事倍功半了。

那么，如何才能让孩子养成初步的逻辑思维能力，自己善于总结呢？专家建议，家长可以从以下方面入手，尝试改变孩子"屡错不改"的习惯。

1. 教给孩子归纳总结的方法

家长可以告诉孩子"要自己寻找做题的'技巧''秘诀'，有了它们你就不再有难题了”，以引起孩子的兴趣，然后指点孩子，寻找做过的题都有什么共同特点，然后告诉他们解题思路其实也是一样的，只要多动动脑筋，鼓励他举一反三、触类旁通。当孩子尝试到甜头后，学习的主动性就会大大增强。

2. **准备纠错本，把错题归纳总结**

本节开篇故事中孟飞翔的爸爸就可以先对孩子进行简单的思维方法的指点，然后专门为孟飞翔准备了一个“纠错本”，让她把每天每个科目的错题都工工整整的抄下来，自己总结错误的原因和解决方法，家长做最后的把关指点即可。每隔一段时间，爸爸再从纠错本上选几道题让女儿做一做。这样反复训练，相信孟飞翔能自己的错误中吸取教训，成绩有明显的进步。

3. **家长要对孩子有耐心，不能苛责**

在孩子“屡错不改”时，家长的态度也很重要，不能苛责也不能因心情急躁而讽刺、嘲笑孩子。要知道，孩子正是通过“错误—纠正—提高”这种螺旋形上升的方式成长的，从另一个角度来说，没有不犯错的孩子，犯了错他们才会成长。因此，家长应耐心教会孩子思维方法，再鼓励孩子通过练习纠正以前的错误习惯，慢慢提高成绩。

细节62：让孩子学会从交流中学习

景朔11岁了，是五年级的男生。他是单亲家庭的孩子，性格比较内向，不笨，但也不很聪明，刻薄点说他属于那种“扔在人堆里就找不着”的孩子。老师注意到他也是因为他的名字叫的还有点个性，可是时间长了，这个成绩一般，不爱惹事的景朔就不知不觉被老师忽略了。

景朔平时做作业，妈妈总是坐在一旁看着。妈妈发现，景朔虽然每天都能完成老师布置的作业，但是成绩从来就没有过大的波动，总是不上不下的。难道说自己儿子写作业只是为了应付差事，并不注重质量？

妈妈有点惭愧，她自己只是初中毕业，上学的时候成绩就不好，所以从来不敢给儿子辅导功课。尤其是孩子上了高年级以后，她更是将希望寄托在老师身上。想到儿子的成绩，不善交际的妈妈拨通了老师的电话，询问了景朔的状况。

老师告诉景朔妈妈，这个孩子不善于沟通，有了问题从来不请教老师和同学。如果他能够及时沟通的话，应该会有进步的。

景朔的情况带有一定的普遍性，在很多性格较内向的孩子身上都存在。这是因为这类性格的孩子本身就不擅长交际，又要向人请教还有点“抹不开脸面”，所以就有了问题自己扛着，扛不了了就扔一边，自然就会出现成绩平平的局面，严重的甚至会导致孩子的成绩渐渐下降，让孩子更不愿意请教，以致陷入“恶性循环”的怪圈里。

因此，解决这种情况，让孩子尽快走出困境，应成为每位家长优先考虑的问题。专家建议，家长可从以下两个角度入手，让孩子从交流中学习，在学习中提高成绩，以增强信心爱上交流，形成“良性循环”。

1. 帮助孩子卸下心理负担

孩子成绩不好，本身就有心理压力，这时家长不宜过多批评他，而是帮他卸下心理负担。然后，告诉孩子“向人请教不是件丢人的事情”“你的诚恳请教会得到同学老师的真心帮助的”。鼓励孩子主动请教问题，可以从向家长请教开始，如果家长也不明白，就坦然带着孩子一起去请教老师，给孩子做出表率。比如上文故事中，景朔的妈妈就可以带着孩子主动向老师请教，让他体会到老师的真诚帮助，扭转心态。

2. 告诉孩子：“三人行，必有我师”

其实，孩子的成绩好与不好都是相对的，在学校里，既有成绩比孩子好的同学，也有成绩比孩子差的同学。“三人行，必有我师”，家长可以据此引导孩子，让他积极主动帮助比自己学习成绩差的同学，体会到帮助别人的快乐，还能从别人的错误中汲取经验教训，以免自己犯同样的错误。自己能帮助同学，同学自然也会帮助自己，这样孩子的心理压力就会减轻许多，家长适时鼓励孩子诚恳地向成绩好的同学请教，相信会取得良好的效果的。

第九章

培养孩子创新能力的8个家教细节

亿万富翁约翰·D·洛克菲勒曾说:“如果你要成功，你应该朝新的道路前进，不要跟随被踩烂了的成功之路。”他是在告诉人们，创新是发展的动力。如果一个人能打破常规，充分发挥自己的创造力，他往往会获得十分惊人的成就。而创造力不只是“天才”才拥有，每个孩子从小就有自我实现的创造力，但是否能到达成功的彼岸，不仅在于他如何发挥潜能，还取决于父母如何培养其创新能力。

细节63：培养敢于质疑的孩子

在一所小学中，科学课老师向同学们提出了一个有趣的问题。他说："有一个装满水的鱼缸，如果放进去石头，水就会溢出来。可是，放了一只小乌龟后，水就没有溢出来。大家知道这是什么原因吗?"

同学们七嘴八舌的议论起来了，提出了各种各样的答案。但是老师听后笑了笑没有回答，然后继续上课了。一位名叫小明的同学回到家后把疑问告诉了爸爸。

爸爸说："你不能确定自己的答案是对是错，那就试一下吧。"

于是，小明和爸爸一起在水族馆买了一只小乌龟，用小水槽做鱼缸，亲自动手试验。他发现把乌龟放到水槽中，水也会溢出来，连续做了几次都是这个结果。

第二天，他对老师说老师说了自己的验证结果。老师听后哈哈大笑，当着全班同学的面表扬了他，说："同学们，你们昨天听过我的话后都在寻找答案，却没有动手去实验。现在小明发现了真正的答案。我这样做的目的是告诉你们，无论是老师还是其他权威人士也有可能说出错误的话，所以你们要有亲自动手验证权威人士的话，并敢于提出质疑的精神。"

很多时候，孩子们是充满求知欲、好奇心的，他们会不断提出"这是为什么"、"那是什么"等问题，这实际上就是他们勇于质疑的表现。可是，当孩子对某句话、某件事提出质疑时，许多家长并没有及时作出回应，而是不停地告诉孩子要"听话"，不要挑战权威。

然而，孩子们正处于最富创造力和进取心的时期，此时家长若不给他质疑的勇气，孩子很可能永远被习以为常的惯例所禁锢。所以，为了让孩子真正学会创新，拓宽自己展现自我的舞台，家长应从小注意引导孩子勇敢质疑，具体方法如下：

1. 巧用自己的小错误引导孩子质疑"权威"

许多家长都希望自己的孩子乖巧听话，可在这个过程中，家长的指导、管束或者监督，往往让孩子觉得，家长和老师、教科书一样，代表着一种权威。于是，孩子可能会对家长的话深信不疑。可实际上，谁都有说错话、做错事的时候。所以，要让孩子敢于质疑，家长就应通过身边一些小事让孩子明白，“权威”的言行举止也不一定完全正确。

2. 多给孩子一些自由表达的空间和机会

孩子的言行若常常受家长的严格控制，久而久之，他会因害怕“权威”而不敢自由表达心中所想，进而不敢对别人的言行提出质疑。所以，要让孩子充满活力，要让他勇于质疑、大胆创新，家长就应给时常给孩子创造自由表达、独立思考的机会。

比如，平时生活中，家长可以和孩子一起开展“家庭辩论”活动。活动开始前，家长应和孩子商量确定一些辩论议题，辩论开始后，他们可以分别阐述自己的观点，然后就对方的某些观点对其提问。这样不仅能引导孩子多提问，多质疑别人的想法，还能锻炼他的口才和独立思考的能力。

细节64：让孩子保持强烈的好奇心

有媒体曾报道过这样一件事：2007年底我国首次月球探测工程圆满成功后，某小学老师组织学生们观看相关的电视专题报道，当时记者采访了这些学生。

记者随机采访其中一位小学生：“假如你登上了月球，你会做什么？”

这名学生回答说：“我会好好学习。”

这个回答让许多人人感叹，如今的孩子越来越缺乏好奇心和想象力了。

好奇心是孩子的天性，它往往蕴藏着巨大的潜能，是孩子勇于探索、敢于创新的动力。科学家培根曾说，好奇心是孩子智慧的嫩芽，孩子对世界的认识是从好奇开始的，强烈的好奇心不仅增强了其求知欲，也促进了其创造性思维和想象力的形成。

著名的教育家、思想家陶行知先生也曾提出对孩子的“六个解放”，即解放他们的嘴，解放他们的双手，解放他们的大脑，解放他们的时间，解放他们的空间，最大限度地解放其好奇心。那么，生活中，家长到底该如何让孩子保持强烈的好奇心呢？

1. 鼓励孩子大胆提问，允许他提“傻”问题

生活中常常会有许多新奇的事物吸引着孩子，也会有各种各样的问题困扰着他们。这时，求知欲强烈的孩子总想将事情问个“水落石出”。比如，在雷雨天，孩子可能会问爸爸妈妈，为什么先看到闪电后听到雷声？早上起床时，有些年龄较小的孩子可能会问，为什么早上是太阳晚上是星星、为什么要穿鞋、为什么是晚上睡觉而不是早上睡，等等。

遇到这样的情况，家长应对孩子大胆提问的行为表示肯定，而不是因失去耐心而敷衍了事或厉声呵斥。很多时候，家长一句“别再问了，烦不烦”之类的话，会导致孩子今后羞于启齿，扼杀他的好奇心与想象力。

2. 提供孩子感兴趣的绘本、书籍

就读于某知名高校生物专业的小易，从小就对昆虫有强烈的好奇心。上小学三年级时，小易常常在课堂上走神，不知他从哪里弄来一只昆虫，观察得津津有味。下课后，同学们叫他出去玩儿，他却仍然趴在课桌前看那只昆虫。

后来，爸爸知道了此事，他并没有责骂小易，因为他发现小易真的很喜欢昆虫。于是，爸爸给小易买了很多与昆虫有关的书籍，小易高兴极了。但同时，爸爸也告诉小易，如果将来想好好研究昆虫，现在就要先好好学习。

自那以后，在爸爸的支持下，小易一边努力学习，一边保持着对昆虫世界的好奇心。

终于，高中毕业后，他以优异的成绩考入了理想中的大学，并选择了自己最喜欢的专业。

生活中，家长应时刻注意保护孩子的好奇心，通过购买与其兴趣相关的书籍、绘本或影音制品等积极支持他不断探索与创新的活动。

3. 给孩子提供一些可自由创作的素材

大多数情况下，孩子会对与玩乐有关的事物比较感兴趣，但很多有固定玩法、特别设计的玩具，孩子们可能经常在玩，渐渐地就对其失去兴趣。这时，家长可以给孩子提供一些可供自由创作、自由设计的材料，如水、粘土、盒子、瓶子或其他手工制作素材，不要告诉他该怎么玩，要拿这些东西做成什么，而是让他自己去设计。

细节65：让孩子不再“安于现状”

在我国的南方地区，有一户贫困人家。父母为了养家，每天起早贪黑地工作。孩子们也很懂事，在学习之余尽力帮助父母做家务。后来，老大初中毕业后就出门打工以补贴家用。他的第一份工作是在附近的县城做饭店服务员，每天都很勤快，他渐渐赢得了饭店老板的欣赏。后来，饭店老板让他在帮厨之余学习厨师技艺。他听后很高兴，每天一大早就起床赶到饭店打扫卫生，准备各种食材。晚上，打烊后回到家中找来与厨师相关的书籍学习。在日常中也不断向老板请教烹饪技术。

一年之后，他已经能胜任饭店部分菜肴的烹饪了。又过了两年，他已经成为饭店里的烹饪高手。很多顾客都是冲着他的厨艺来的。随着技术的提高，他的薪水待遇也越来越好。当他小有积蓄时，向老板提出了自己的想法：他想自己在其他地方开一个小饭店，这样能更好地帮助自己的兄弟姐妹，减轻父母的负担。店老板听后很感动，也很支持他的决定，并资助了他一笔钱作为开饭店的启动资金。

在他的精心经营下，他的饭店越来越红火，也改善了家庭的经济状况。但是，他并没有满足，而是细心研究餐饮行业的管理，并自费学习更多的烹饪技术和管理技巧。后来，他把饭店交给弟弟经营，自己带着资金去省城又开了一家饭店。多年之后，他已经成为该省餐饮行业中的知名人物，手下拥有几十家餐饮连锁店。当回首往事时，他总是感慨地说：“如果我安于现状，就没有现在的成就。所以，我一直告诉自己不能满足于得到的一切，也不能安于享乐，我也是这样告诉我的孩子的。”

生活中，有不少孩子总是安于现状，不想对自己的学习、生活状况做出任何改变，也没有为自己的未来制定更长远的目标。这样的孩子，往往是缺乏进取心和竞争力的，安于现状的人生态度让他们不再期待“变得更好”。

然而，无数成功者的实践证明，一个不安于现状、不断进取的人，才能真正感受到心灵的安宁，也才能在不断努力的过程中一步步达成目标，实现自己的理想。所以，为了让孩子拥有更加成功的人生，家长应时刻注意孩子的学习、生活状态，时常鼓励孩子积极进取。具体而言，家长可用以下方法让孩子走出安于现状：

1. 帮助孩子了解什么是他所需要的

孩子安于现状、不思进取，可能是因为他不够成熟，不能对自己做出正确评价，也不清楚自己真正需要的是什么。于是，孩子就无法进行自我调节，也不愿做出任何改变，因为他根本不知道改变将会给自己带来什么样的结果。

因此，要让孩子走出安于现状，家长应引导他了解什么是自己真正需要的。比如，当孩子对自己不太优异的成绩感到满足，长期没有进步时，家长可以给他讲一些名人小时候不断进取、不安于现状最后取得巨大成功的故事，再讲一些反面事例，让孩子明白自己需要通过不断进取来获得成功。

2. 给孩子创造宽松和谐的家庭环境

有时，孩子原本是有上进心的，可家长却对其不屑一顾，甚至讽刺、挖苦，这也会使其积极性受到打击，从而产生放弃努力、满足于现状的想法。

所以，无论孩子的行为正确与否，家长都应平心静气地应对此事，要在一个宽松和谐的家庭环境中与孩子交流沟通。这样既不会伤害孩子的自尊心，也不会打击他的积极性与进取心。

3. 避免对孩子提过高的要求

很多孩子在达成某项目标的前期，会表现得十分积极、有上进心，但时间一长，他们可能会有所松懈，或满足于现状，不愿继续努力。之所以出现这种情况，原因很可能是家长对孩子的要求过高，给他制定了超出能力范围的目标。

平时生活中，家长要对孩子提出合理的要求，还要实时关注其完成任务的情况。在孩子遇到困难时，家长应给予鼓励和必要的帮助；若发现孩子实在没有能力完成此事，就应适当降低要求，以免打击他的自信心。

细节66：训练观察力，擦亮孩子双眼

科学课中，老师讲了蒸汽机发明人瓦特的故事，还在课堂中展示了那个时期蒸汽机的模型图片。同学们看得津津有味。小亮对此更是感兴趣。他回到家就告诉爸爸瓦特的故事，还想学瓦特观察蒸汽的产生方式。在父亲的帮助下，他接了一壶水放到灶台上，打开燃气灶烧水。水开后，他仔细观察水壶中冒出的蒸汽。他发现水壶的盖子在水蒸气的冲击下不断掀动。关掉燃气灶时，水壶散发出的蒸汽就小了很多，壶盖也不动了。反复几次后，他发现自己观察到的现象和瓦特是一样的，感到非常高兴，还打算在有空时和父亲一起做一个对水蒸气降温的冷凝器。他的想法还得到了父亲和老师的表扬。

达尔文曾说："我既没有突出的理解力，也没有过人的机智。只是在觉察那些稍纵即逝的事物并对其进行精细观察的能力上，我可能在众人之上。"可见，离开了观察，一切科学研究、发明创造都只是空谈。所以，作为家长，要培养孩子的创新能力，首先就应训练其观察力，让他耳聪目明。

具体而言，家长可从以下方面入手训练孩子的观察力：

1. 保护好孩子的感知觉器官

孩子的眼睛、鼻子、嘴巴、耳朵等器官的健康发育，是其感知觉的物质基础。所以，平时生活中，家长要注意保护孩子的这些器官，并创造机会刺激各项器官的发育，如让孩子多看美丽的图画、多听动人的音乐、多开口说话或唱歌等。

2. 让孩子观察自己感兴趣的事物

一般来说，孩子比较喜欢观察活的、动的物体，而不喜欢观察静止不动的东西，比如喜欢看小狗大家、小金鱼游泳等；孩子还喜欢观察色彩鲜艳的东西，如满园鲜花、开屏的孔雀等；喜欢观察大而清晰或位置明显的物体，如挂在墙上的书画、摆在桌上的艺术品、穿在身上的服饰等。

因此，家长在训练孩子观察力的时候，可以先让他关注这些比较感兴趣的事物，慢慢激发他观察的欲望。

3. 教给孩子多种观察方法

孩子的知识经验少，在观察事物的过程中，需要家长教给他一些具体有效的观察方法。

例如，有些形体较小的东西，孩子比较熟悉了，渐渐会失去观察它的兴趣。这时，家长若给孩子一个放大镜，孩子或许又会发现许多新的更有趣的东西。这种方法叫做放大观察法。

家长还可以引导孩子对周围事物进行对比观察，如观察金鱼和热带鱼的异同、牡丹花和玫瑰花的异同等，让孩子求同寻异，使观察活动不断深入，也使其对观察对象的了解更加清晰、全面。

此外，家长还可以让孩子将观察与动手相结合，一边观察一边做实验，或随时记录自己的观察心得及其他疑问。

细节67：给孩子插上“想象”的翅膀

有位教育专家曾到某小学进行教学交流，在一个班级做调查时，他发现班里学生的画技都非常高，老师布置的美术作业，他们都画得栩栩如生。后来，这位教育专家又让学生们每人画一幅卡通画。结果，大多数学生画出的卡通形象是相同的，就是一只“机器猫”。

他很奇怪，不知道为什么这些学生如此默契，不约而同地画机器猫。但经过仔细观察，他发现教室的一个窗台上摆着某个学生的“机器猫笔筒”，其他学生正是照着这个笔筒来描绘的。于是，这位专家让学生将机器猫笔筒收进书包里，然后要求所有同学发挥自己的想象，再画一幅与“机器猫”不同的卡通画。

然而，半个多小时过去了，好多学生的画纸上还是一片空白。这下他们真犯愁了，一直在苦思冥想，却无从下笔。最后，教育专家只好将此留作学生们的课后作业。

如今，许多孩子缺乏的不是学习的能力，而是丰富的想象力和创新意识。爱因斯坦曾说：“想象力比知识更重要，因为知识是有限的，而想象力概括着世界的一切，推动着社会的进步，且是知识进化的源泉。”

孩子的想象力中蕴含着他的希望和灵感，这不仅会引导其发现新的事物，而且会激励他更加努力奋进，为自己的未来之路做更好的铺垫。可见，孩子缺乏想象力，对自己是有百害而无一利的。所以，家长作为孩子的第一任老师，就该想尽办法给孩子插上“想象”的翅膀，而不是用条条框框束缚他。具体而言，家长可采用以下方法提高孩子的想象力：

1. 鼓励孩子多编故事、讲故事

大多数孩子小时候都喜欢听故事，也喜欢编故事、讲故事给别人听。家长抓住这个机会不仅能锻炼孩子的语言表达能力或写作能力，还能培养其想象力。

平时生活中，家长可以经常引导孩子按照某个主题去编故事，然后让他将编好的故事讲给其他人听或用笔记录下来并不断修改。而在孩子讲故事的过程中，家长要适时对其进行口头鼓励和表扬，增强他的自信心。

2. 用重组图形、语言等方式锻炼孩子的想象力

一天，杨女士发现7岁的女儿情绪低落，根本没心思好好做作业。于是，杨女士告诉女儿："宝贝儿，我们来做个小游戏，放松放松怎么样？"

一听做游戏，女儿立马舒展眉头，高兴地笑道："好啊，妈妈，我们做什么游戏？"

杨女士一边拿起笔在白纸上画了五个个圆，一边对女儿说："你能在这些圆上加些笔画，让它变成其他东西吗？"

女儿想了想，然后提笔画起来。几分钟后，原来的五个圆都变了样。

杨女士一一指着女儿添过笔画的图形问是什么东西，女儿回答道："这个圆下加一竖，是气球；这个圆下加一横，是太阳从地平线上升起了；这个圆中画一个正方形，是铜钱；这个中间有一点，还有两条直线，是钟表；还有这个画了很多小点点的，是芝麻烧饼。"

听了女儿的解释，杨女士"哈哈"笑道："宝贝儿，你真棒，居然能有这么多独特的想法。你真是妈妈的骄傲！"

受到表扬的女儿也开心地笑起来，心情比之前好了很多。

杨女士的做法无疑是锻炼孩子想象力的一个好方法。除了让孩子自己想象着组合图形，家长还可以让他对一些字、词、句进行重组，鼓励他尽可能多地组合出一些更复杂、意思完全不同的语句或故事。

3. 让孩子多做些脑筋急转弯练习

某课堂上，老师问："雪化了变成什么？"大多数孩子都回答说"变成水"，可有一个女孩不是这样回答的，她说雪化了以后就是春天了。女孩这样的回答既富有想象力，又很有艺术性，是值得鼓励和提倡的。

细节68：对孩子的“破坏力”给予认可

一天，曾女士手里拿着一些零件，气冲冲地问7岁的儿子：“这是怎么回事？好好的闹钟怎么成这样了，你是不是该解释一下？”

儿子低着头，怯怯地回答道：“对不起，妈妈，我只是想拆开看看这里面有些什么东西而已。我会把它修好的。”

“可是，你现在拆成这样，什么时候能修好呢？明天没有闹铃，我可不会叫你起床！”曾女士还是有些生气。

这时，儿子抱住她说：“妈妈，对不起！我一直想把它安装好，可装起来实在太难了，我花了好长时间都没修好。我保证，以后一定想办法修好它，你原谅我这一次好吗？”

看儿子的态度诚恳，曾女士就不那么生气了，她点了点头说：“好吧！那么，你告诉我，到底为什么要把闹钟拆成这样呢，是想学修理吗？”

儿子想了想说：“不是的。它总是‘滴答、滴答’走个不停，我觉得很奇怪，想看看里面到底有什么。”

“哦，是这样啊！要不我们把这些零件送到钟表维修店里去，让那里的维修人员安装，你在旁边认真看，或者请教他们，这样就能弄清楚闹钟里面是怎么回事了。好不好？”曾女士说。

“太好了，谢谢妈妈！”儿子高兴地回应道。

生活中，很多家长都曾遇到过因孩子的破坏行为而气愤的情况，比如刚买的玩具被弄坏时，孩子在家里的墙上、地板上“涂鸦”时，将厨房里的油、盐、酱、醋等倒出来玩时……可实际上，无论孩子是动手拆玩具，还是在墙上作画，或是一一研究家里的每种物品，这都可能是其创造力的一种表现，是因为他有强烈的求知欲和丰富的想象力。在破坏的过程中，孩子得到的是一个可以尽情展示自己的舞台。

所以，当孩子出现一些破坏性行为时，家长不能一味地呵斥、禁止，而是应该鼓励孩子继续创作，想办法解放他的双手，让他在实践中不断增强创新意识。具体而言，家长可以从以下方面入手，让孩子从“破坏”中有所收获：

1. 给孩子提供一个自由玩耍的小角落

平时生活中，家长应允许孩子在不损害自己和他人身体健康的前提下，适当搞“破坏”，这是他探索未知世界的行为，可以帮助其丰富知识、提高创造力。

在家里，家长提供一个角落给孩子玩，告诉他要拆任何玩具、做任何“实验”等，都可以在这一块小领地进行。这是属于他自己的领地，当然清洁工作也应由他自己承担。

2. 让孩子多玩拼图游戏

如果孩子年龄在6岁以下，那么，玩拼图游戏是很适合培养其想象力与创造力的一种方法。家长可以购买一些拼图玩具，或用硬纸板剪许多图形，如圆形、三角形、方形等，让孩子自己想办法拼出一样东西。孩子拼好后，家长要对他的作品给予积极的评价，然后鼓励他拆了这样东西继续想象着做其他创意。

3. 多留意孩子破坏行为背后的原因

有时，孩子的一些破坏行为并不一定是创造力的体现，而有可能是出于发泄情绪做出的。所以，对待孩子的破坏行为，家长要多一点包容心，要心平气和地询问孩子为什么这样做。如果孩子真的出于发泄目的，家长就应耐心劝导孩子，让他停止破坏，以免引起不必要的麻烦。

细节69：培养孩子大胆尝试的性格

古代时候，我国沿海居民们经常出海捕鱼谋生。有一次，一艘渔船在出海中遇到了风暴。渔船被毁，渔民抱着船上的木板漂流到了附近的一个小岛上。他们又饿又累，每天只能以小的鱼虾维生。但是，他们最需要的是喝水，而海水是咸的无法饮用。这座小岛上有一座高高的山峰，很难攀爬，周边没有溪流。这可怎么办呢？过了两天，实在忍受不了口渴折磨的渔民们商量尝试向山峰进军，看看山上是否有淡水。他们收拾好工具就结伴向山上爬。

当爬到山腰时，他们发现有一个小山洞，洞内一个小水潭，这是下雨时积存在山洞内的水。他们尝试着喝了两口水潭中的水，身体没有任何不适。于是，他们放心地喝了起来。他们还有一个收获：在山洞旁可以看到更远的海面上的情况。他们用衣服和树枝做了一面简陋的旗帜，每天轮流在洞口挥舞旗帜。他们还在洞口旁点了一小堆杂草升起烟雾，吸引周边渔船的注意。过了几天，一艘渔船发现了他们并前来搭救。

生活中，很多人也会墨守陈规，不敢对一些约定俗成的东西持任何怀疑态度，更不敢挑战权威或尝试着去突破，这往往会使自己失去许多成功的机会。尤其对成长中的孩子来说，墨守陈规、惧怕挑战或不敢尝试新事物，这会极大地阻碍其创新能力、自主能力的提高，对孩子的未来发展没有任何好处。

莎士比亚说，本来无望的事，大胆尝试，往往能成功。教育孩子的过程中，许多事情，家长和孩子都不知道它对不对，能不能成功，这时，只有让孩子大胆尝试，才有可能获得成功。那么，家长该如何让孩子大胆尝试呢？

1. 鼓励孩子多搞些小试验、小发明

平时生活中，家长可以鼓励孩子多搞小试验、小发明等创造性活动，让他展开自己的想象，激起创造发明的热情。而在多次尝试中，孩子哪怕只成功一次，也能从中获得不少勇气和信心。

2. 尽早让孩子尝试着做家务活

与我国的孩子相比，德国孩子是十分擅长做家务的，他们早在咿呀学语时就在家长指导下做些简单的家务活，如在用餐前帮家长摆放好餐具。德国父母认为，虽然孩子还很小，许多事情都做得不够好，但经过长期锻炼，他们的动手能力就会慢慢增强。因此，孩子成长的过程中，家长应尽早为他提供种种尝试的机会，让他在尝试中积累经验并不断创新。

细节70：教孩子学会与人合作

关于合作，有这样两首简单的童谣：一首是“一个和尚挑水喝，两个和尚抬水喝，三个和尚没水喝”；另一首是“一只蚂蚁来搬米，搬来搬去搬不起，两只蚂蚁来搬米，身体晃来又晃去，三只蚂蚁来搬米，轻松抬着进洞里”。

第一首童谣中，三个和尚没水喝，是因为他们不懂得合作，互相推诿，各自都想坐享其成，结果没有一个和尚行动起来。而第二首童谣中的三只蚂蚁，它们团结合作，相互配合，每一只都尽力贡献自己的力量，所以最终能轻轻松松地将食物抬进洞里。

可见，许多情况下，人们要顺利完成某项任务，要获得成功，就必须寻找机会与他人合作，正所谓“众人拾柴火焰高”。

欧洲著名心理学家阿德勒认为，如果一个孩子未曾学会合作之道，他必定会走向孤僻之途，并产生自卑情绪，这将严重影响他一生的发展。

所以，为了让孩子形成健康向上的人格品质，也为了让他更好地立足于社会，家长从小注意培养其合作精神是十分必要的。具体而言，家长可以选用以下方法教孩子学会与人合作。

1. 让孩子真心实意地接纳别人

要让孩子与人合作，家长首先应想办法让他真心实意地接纳别人，而不是唯我独尊，与周围其他人保持距离。人与人之间的合作，实际上是互相取长补短的过程。在此期间，合作的双方会互相认识到对方的强项，然后互相利用对方的优势和资源，弥补各自的不足，进而共同获得更大效益。

所以，平时生活中，家长应时常告诉孩子每个人各有所长，也各有所短，不能因别人比自己优秀而妒忌他，也不能因他有一些缺点就避而远之。家长可以通过一些小故事或自己与人合作的实际行动让孩子明白善于发现别人的长处，并真心实意对待他人，就能达到双赢的目的。

2. 鼓励孩子多参加易产生合作关系的游戏活动

平时生活中，家长要给孩子提供尽可能多的合作机会。而除了陪孩子一起玩游戏，家长还可以鼓励他多参加一些容易产生合作关系的游戏活动，如与其他小朋友一起参加篮球、足球、跳绳等体育活动，或玩捉迷藏、过家家等游戏。这些活动中，既有团队之间的对抗与竞争，又有内部的协调一致，对培养孩子的合作精神大有益处。

3. 要教给孩子一些合作的规则、技巧

孩子年龄还小，缺乏与人交往合作的经验，在和他人一起进行某种活动时往往会不知所措。所以，家长不仅要给孩子提供合作的机会，还要让他学习一些必要的合作技巧和规则。

家长应教育孩子在活动中对同伴有礼貌，要互相谦让，友好相处。比如，告诉孩子用同伴喜欢的名字叫他们，而不是随意给别人起外号；对大家都喜欢的玩具，孩子不能与别人争抢，应该让别人先玩一会儿自己再玩；想和别人一起玩时，可以用拉拉手、拍拍肩等动作来示意“我们一起玩好吗?” “你愿意和我一起玩吗?”等。

4. 教会孩子处理合作中的小纠纷

生活中，家长应教会孩子如何处理合作中的一些小纠纷。比如在需要分工完成某项任务时，孩子不喜欢做别人分配给他的事，想去完成其他人的那部分任务。这时，家长可以建议他们用猜拳、抓阄等方法解决这个小麻烦，这样既公平又省时省力。

第十章

树立孩子良好道德品行的7个关键细节

莎士比亚说，一个伟大人物的心有两颗，一颗心流动着热血，一颗心流动着崇高的品德。良好的道德品行是孩子成功的根本。成长中的孩子，或许没有权利选择自己的出身和相貌，却能够让自己拥有“崇高的品德”。但是，孩子学习、工作的能力可以慢慢锻炼，优秀道德品质的培养却不是一蹴而就的，这需要家长从身边的点点滴滴做起，长期耐心地引导孩子走上高品质的人生道路。

细节71：培养孩子率真的性格

一位年轻妈妈带着5岁的儿子去逛街，途经一家品牌服饰商场，她便停下脚步，思量着要不要进去逛逛。这时，儿子突然指着商场大楼外的一个巨幅广告牌喊："谁，找，你！"

年轻妈妈听着很奇怪，便蹲下来问儿子："宝贝儿，你在说什么？谁在找我？"

儿子继续用一只手指着广告牌，另一只手拽了拽妈妈的衣服说："妈妈你看，就是那上面写的——谁，找，你！"

年轻妈妈将目光投向儿子所指的地方，这才明白原来所谓的"谁找你"，是广告牌上写的品牌名称"雅戈尔"。

发现儿子读错字，这位妈妈立即捂住他的嘴说："哎呀，错了错了，那是雅戈尔，不叫'谁找你'。"说完，她还四处打量了一下，看看周围有没有人注意到他们。原来，她是怕儿子给她丢脸，毕竟她也是个有学识的高级白领。

其实，这位年轻妈妈大可不必因为孩子认错字而觉得丢脸。孩子虽然认错字，但他却十分率真，他能大胆讲出自己看到的事，这份勇气实在难能可贵。如今的社会中，又有几个孩子能像他这样单纯、率真？

现实生活中，越来越多的孩子正在受"早熟"的折磨，小小年纪的他们张口就唱"大人腔"，文字语言成人化的趋势已很难改变。比如，许多孩子在平时讲话或写作文的时候，都会用到当下流行的个性网络语言，像"MM"（美眉）、"大虾"（大侠）、"7456"（气死我了）等，都备受青少年推崇。

随着年龄的增长，孩子渐渐成熟起来，这本无可厚非。可时至今日，在孩子成长的过程中，因为社会、学校、家庭等不同环境的影响，他们已渐渐变得圆滑起来，他们的心可能已不再单纯，他们已很难在生活中率性而为，他们或许再也不会拥有率真的童年。

然而，一个人若失去了自我，无法显露真性情，那么他的人生会是暗淡无光的。古往今来的许多成功者，他们虽立足于不同领域，有着不同的事迹，但却有着共同的性格特点，那便是保持质朴、率真的个性。

所以，无论是为了孩子的快乐童年，还是为了他将来的成功人生，家长应从小培养其率真的性格，让他以真性情示人，做最真的自己。具体来说，家长可采取以下方法塑造孩子率真的性格：

1. 让孩子在画画中享受童趣并自由想象

日本人十分重视对孩子率真个性的培养，还充分利用儿童美术，让孩子体验色彩、自由作画，并鼓励孩子们表达自己内心最真实的想法。

以往的美术教育中，当孩子画好画后，老师们常常会以同一个标准或自己的喜好来评价这些画，如“这幅画最好”“这张很干净，我喜欢”“这一副乱七八糟，我不喜欢”等。这就难免会打击大多数孩子的自信心，让他们不敢再通过画作表达自我、展现自己的率真个性。

所以，为了塑造孩子率真的性格，家长们可效仿日本学校的做法，让孩子自由地作画，给他们自由想象的空间，而不是为其创作套上各种条条框框。

2. 孩子说错话时，家长要给其“留面子”

很多时候，孩子表现出率真的个性时，可能会因缺乏知识经验等而说错话、做错事。

这时，如果家长毫不留情地批评、指责孩子，渐渐地，孩子会没有勇气表达自己的心中所想。所以，家长在和孩子说话时，也要注意照顾到他的“面子”，给他自我改错的机会。

细节72：让孩子学会帮扶弱小

一个小女孩跟爸妈去山里野营，快到山顶的时候，她发现有只受伤的小鸟正在草丛中痛苦挣扎。于是，小女孩走上前去，轻轻抚摸着小鸟，然后让爸妈从背包中拿出小急救箱。

这时，女孩的爸爸说："山野里受伤的小鸟多的是，你又不可能一一照顾每只小鸟，何必浪费时间管这一只呢？再说，我们带来的急救物品本来就不多，你都用到小鸟身上了，待会儿万一我们自己受伤了怎么办？"

小女孩没有听爸爸的话，她继续请求妈妈和她一起为小鸟包扎。妈妈不忍让女儿伤心难过，便拿出急救箱帮小鸟治伤。几分钟后，受伤小鸟的情况有所好转，小女孩就让爸爸小心翼翼地将它放到一棵树上的鸟窝里。看着小鸟又能发出悦耳的叫声，小女孩十分开心，爸爸妈妈这才感觉刚才没有强烈反对女儿的行为是对的。

小女孩在自己力所能及的范围内，救下了一只受伤的小鸟，这并不是多么了不起的事，但至少，她懂得为周围的弱小者尽自己的一份力。而如今的社会中，在许许多多需要帮助的"小鸟"面前，还有多少孩子愿诚心诚意"予人玫瑰"？

要培养一个品行出众的孩子，家长从身边的小事入手，让孩子肩负起帮扶弱小的责任是十分必要的。至于教导孩子帮助弱小的方法，家长可选用以下几种：

1. 鼓励孩子耐心照顾小动物

很多孩子看到路边的小猫、小狗、小兔子等十分可爱，就要求爸妈买回家。可没过几天，他们可能就会失去兴趣，把小动物丢在一边不管不顾。这时，家长可以这样告诉孩子：小动物没人照顾很可怜，它会很伤心的；小动物和宝贝一样，都需要爸妈的关爱，现在你买了它，你就是它的家人，那怎么能不管它呢，要是爸妈也不管你了，你会不会很难过呢等等。家长用这样的语言引起孩子的情感共鸣，让他明白小动物和自己一样，都是弱小的、需要别人关心和照顾的生命，他或许会继续耐心地照顾小动物。

2. 对孩子帮扶弱小的行为给予支持和鼓励

生活中，有些家长会阻止孩子去帮助弱小，比如看到公交车上有老人站着，孩子想让座时，家长会说“别管了，会有别人让座的”、“是我们先上来的，这个座位就该我们坐”等。

作为家长，这样的言行不仅会打击孩子的同情心，还会对孩子造成误导，让他以为自己的行为原本就是错误的。久而久之，孩子的人生观、价值观都有可能出现偏差，帮助弱小不再被他当做有益的举动。

3. 和孩子一起做“家庭医生”的游戏

寓教于乐，这是家长引导孩子帮扶弱小的一个有效方法。在周末或其他空闲时间里，家长可以和孩子开展“我是医生”的家庭游戏，由家长扮演需要照顾的病人，孩子充当医生。

游戏中，医生要对病人负责，要时刻注意病人的一举一动。同时，病人可以提出各种要求，让医生尽量满足。如果医生做得好，病人的病情会逐渐好转；若医生照顾得不周到，病情会持续恶化，病人可以向医生提更多要求。这时，如果孩子不乐意，家长可以告诉他：我们是在做游戏，你刚才保证了要遵守游戏规则的，可不能反悔哦！或者问孩子是要接受惩罚还是继续做游戏。一般情况下，孩子们都会选择继续游戏。

当然，如果孩子在游戏中表现得很出色，将“病人”照顾得很好，家长就应给予相应的表扬或奖励，比如带孩子去游乐场玩，多给他一点自由玩乐的时间，或者给他做一桌美食等。

这样的游戏不仅可以让孩子学会许多照顾弱小的方法，还可以锻炼其耐心。在帮助他人的过程中，孩子也能不断提高自理能力，为他将来的独立之路奠下基石。

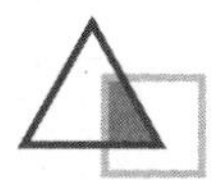

细节73：诚信是孩子成功的资本

19世纪30年代，美国有一位名叫摩根的大富豪。他在朋友的游说下出钱入股了一家火灾保险公司，并取得了较好的投资回报。有一年，这家保险公司接连遇到困难，很快濒临破产。之前投资这家保险公司的股东们都开始甩卖手中的股份。

摩根却认为做生意就要讲诚信，现在公司遇到困难，可以采取破产的方法保住仅有的一点资本。但是，那些在公司买了保险的人们却会血本无归。他仔细考虑后决定把这家保险公司的股份都收购，然后想尽办法给那些投保人赔偿。一年多之后，所有在这家保险公司投保的人都得到了应当的那份赔偿，他们的利益没有受到损失。

后来，当他们得知摩根推出新的保险产品时纷纷解囊购买，这是因为他们相信摩根是一位讲诚信的商人，愿意与他合作。不仅如此，很多在其他保险公司投保的人们也纷纷转投到摩根的保险公司购买保险服务。多年之后，这家保险公司成为美国保险行业的巨头。摩根之所以能取得如此辉煌的成就，就在于他坚守诚信的原则。

人们常说，无诚业难立，无信事难成。的确，诚信是人生最宝贵的财富，是一个人获得他人信任和支持，并逐步走向成功的重要资本。可如今，越来越多的孩子却将“诚信”视若无物。

孩子不讲诚信，大多是从说谎开始。心理学家研究发现，喜欢说谎的孩子长大后往往不会信任别人，且会变得十分敏感、多疑。可见，诚信是影响孩子一生的品质。那么，作为家长，对孩子进行诚信教育就刻不容缓了，千万不要让孩子用谎言堆砌自己的人生。对孩子进行诚信教育，家长可从以下方面入手：

1. 莫急于责备，先弄清孩子不诚实、不守信的原因

孩子说谎或没有做到答应别人的事时，家长千万不要急着责备他，而是应该先冷静下来，心平气和地向孩子了解他这样做的原因。这样，孩子既不会受到惊吓或感到害怕，也不会太抗拒与家长的交流互动。

有时，孩子说谎、不守承诺，其实并没有心怀恶意，而是害怕被责罚或为了引起他人的注意。还有一些年龄较小的孩子，他们的道德观还不够成熟，对事物的认知能力也有限，所以常常不清楚“对”与“错”，“真”与“假”的区别，这时就难免出现说谎话、言行不一等行为。

2. 家长不能随便怀疑孩子

平时生活中，如果家长在孩子承诺做某事后又不相信他，想尽办法监视他，那就很容易引起孩子的反感，让他选择用撒谎来对抗，最终导致孩子缺乏诚信。

3. 要有勇气向孩子道歉

说谎、不守信用，这并不是孩子的“专利”，家长有时也会出现类似的情况，如答应了要陪孩子做某事，最后却没有做到。这时，家长应放下架子，诚恳地向孩子道歉，这样他不仅会感觉自己是被尊重的，还会更加信任家长。

细节74：培养有正义感的孩子

8岁的男孩浩浩回家后告诉爸爸：“今天小文被我们班一个大个子男生欺负呢。”

“哦？怎么回事？”爸爸问。

“小文今天上学时带来一个新的文具盒，非常漂亮，还是自动的。那是他妈妈昨天刚买给他的，被那个大个子看上了，他非要让小文把文具盒送给他。小文不肯，他就揪住小文的衣领，想要打他。”浩浩仔细叙述着在学校发生的这件事。

“哎呀，那可糟了！这件事你没参与吧？”爸爸着急地问。

浩浩说：“当时我就在教室里，这件事明明就是大个子男生不对，所以我就走上去制止他，不让他打小文。”

“那后来呢？那个大个子我也见过，听说是个很调皮的男孩，他没打你吧？”爸爸捏着把汗问。

“没有。刚开始他继续揪住小文的衣领，还说我要是再多管闲事就揍我。但我看进教室的同学越来越多，就喊他们一起制止大个子男生。后来我们二三十个同学一起帮小文说话，他才没敢动手。”浩浩认真地说。

“哦，那就好。不过，以后这种事你最好不要管，免得连累自己，知道吗？还有，从明天开始，你上学、放学的时候都要跟同学一起走，小心大个子会报复你！”爸爸擦了擦手心的汗说。

这位爸爸看似在关心孩子，实际上是在拔除孩子心中正义感的“嫩芽”。八九岁的孩子，他们的正义感是以天性的方式表达出来的，且正处在“萌芽”状态。这时，如果家长经常教孩了忍气吞声或“事不关己高高挂起”，久而久之，孩子心中的正义感会逐渐消失。

基于此，家长从小培养孩子的正义感是十分必要的，具体方法可参考以下几种：

1. 鼓励孩子勇敢且巧妙地指出他人的错误

许多家长让孩子少管闲事，是因为担心孩子在此事中受到伤害或事后遭报复。为避免这种情况发生，家长在鼓励孩子坚持正义之时，应教给孩子一些指正他人错误言行的技巧，让孩子在不得罪对方的同时还能维持正义、主持公道。

类似的事情，有些孩子却处理得很好，既帮同伴解了围，又让自己免于受伤害或报复，比如告诉欺负人的那个孩子：“我跟你说个秘密，他的爸爸是个警察，要是你对他不好，他叫他爸爸来抓你怎么办?”迫于家长的压力，那个欺负小朋友的孩子或许会有所收敛。

2. 用新闻、文艺作品中的事例给孩子以积极的暗示

家长可以有目的地和孩子一起看有关治安、青少年问题的时事新闻，并和孩子一起讨论新闻事件，让他思考事件中各个人物的行为是否正确。比如，在看警察抓小偷的新闻时，家长可以让孩子思考偷东西对不对、警察抓小偷是为了什么等问题。透过自己的思考、分析，孩子会渐渐明白什么是善什么是恶，以及什么是正义，怎样做才是坚持正义。

另外，家长还可以与孩子一起欣赏一些宣扬正义的文艺作品，如电影、动画片等。很多影视作品中都塑造了维持正义、拯救世界的英雄形象，通过观看这样的片子，孩子会更加坚信正义能战胜邪恶，他们自己的正义感也会有所增强。

3. 家长要给孩子做好榜样

很多情况下，家长对社会上各种负面事件不恰当的看法或处理方法，会影响孩子对待此事的态度。比如，家长时常教孩子照顾弱小，却在路遇乞丐时让孩子远离这些人，说他们都是骗子；眼见有人被车撞倒，肇事者逃离现场，家长却叫孩子少管闲事，说这对自己没好处，搞不好还会被人误会是肇事者……如此种种，让孩子们何以体现自己的正义感？

因此，家长在和孩子在一起时，面对上述情况时，可积极采取些力所能及的行动，既尽到了自己公民的责任，又给孩子树立了良好的榜样。但是，需要注意的是，家长在帮助人的同时还要告诉孩子，他毕竟年纪小，做事要量力而行，在保护好自己的前提下做好人好事。最好的办法是，家长能教给孩子学会区别不同的情况，采用不同的助人技巧。

细节75：让孩子成为热情好客的小主人

韩女士的女儿小蕾是个活泼开朗的孩子，平时很喜欢和小朋友们一起玩，也十分热情好客。家里每次有客人到访，她都像个小主人一样，热情、礼貌地接待他们。

一次，韩女士接到老家的电话，说有位远房亲戚要到韩女士家暂住几日。小蕾听说这个消息后兴奋得不得了，大约是觉得又能表现一下自己了。

亲戚来韩女士家的那天，才刚走到楼下，小蕾就迫不及待地打开她们处在三楼的门，把头探出去大叫“阿姨”。但那时是冬季，室外温度很低，不一会儿，小蕾一边喊着“好冷啊”，一边把小脑袋缩了回去。过了一会儿，亲戚到了家门口，小蕾蹦蹦跳跳地迎上前去，拉着她往客厅沙发那儿走去。之后，她又去厨房端来已经准备好的果盘。

晚上快要吃饭的时候，韩女士在厨房做饭，小蕾怕亲戚无聊，就主动和她说笑，还给她表演节目，又是唱歌又是跳舞，逗得亲戚很开心。韩女士见小蕾如此活泼，又热情好客，她心里也很安慰。

《论语》中说，有朋自远方来，不亦乐乎。这也是在告诉人们，要对远道而来的客人表示欢迎，与老朋友见面也很开心、很愉快。

生活中，许多孩子待人很热情，喜欢去小朋友家做客或邀请其他小朋友来自己家里玩，喜欢与客人们一起分享自己拥有的好吃、好玩的东西，喜欢与家长的朋友亲近，向他们展示自己的才华，如唱歌、跳舞等。

但与之相反，也有一些孩子会因性格内向、不善言谈等，而对客人的态度冷漠，甚至排斥与家人以外的人交流。遇到这种情况，家长往往会很担忧，害怕孩子长大后无法建立良好的人际关系，甚至会担心他变得孤僻、自闭。但“心动不如行动”，家长与其在心里暗自发愁，不如及早行动起来，培养孩子热情好客的性格，可参考如下方法：

1. 带孩子去其他小朋友家串门

如今，许多孩子都是家中独生子，没有兄弟姐妹的他们原本就已失去了不少与同龄人一起学习、玩耍的机会。所以，家长要培养孩子热情好客的性格，首先就应鼓励孩子积极与其他小朋友交往，让他们在学习、玩耍的过程中建立深厚的友谊。

在这个过程中，家长可以常带孩子去其他小朋友家串门，让孩子亲自体验别人是怎样热情待客的。时间长了，孩子便会受其影响，在家里有客人来访时，试着用最好的状态去待客。

另外，假如孩子在某个朋友家受到冷落，家长可趁机向孩子说明：那个小朋友的做法是不对的，他对你的态度冷漠，你就会不喜欢他，那么别的小朋友也会不喜欢他。所以，你千万不能像他那样对待客人，否则大家也会讨厌你的。听了这样的话，大多数孩子都会意识到热情待客的人才会受更多人的关心、喜爱与赞赏。

2. 在家中开展“热情待客”游戏

家长应该让孩子形成热情待客的习惯，而不是只对自己喜欢的人热情、友善，对不熟悉的人冷漠以对。为此，家长可以经常和孩子转换角色，玩接待客人的游戏，让孩子体验做家庭小主人的感觉。

在这个游戏中，家长可先扮演主人，孩子作为客人，双方模仿热情接待客人的情景。比如，家长可以请孩子在客厅里坐下，为他倒茶、端水果，陪他聊天、看电视等，然后要求孩子礼貌地说“谢谢”。之后，孩子知道了该怎样热情待客，家长就能与其互换角色，即孩子扮演主人，家长当客人。

3. 不要批判孩子的“过度热情”

对于过度热情的孩子，家长最好不要批评、责骂他，毕竟孩子的出发点是好的，正确的方法应该是让孩子学会适可而止，如引导他换位思考，让他懂得“己所不欲勿施于人”。

细节76：教育孩子有正常的羞耻心

一个周末，6岁的小男孩京京与小朋友们一起在舞蹈班学街舞。老师让他们自己练习几个舞蹈动作的时候，其他小朋友都跳得很好，只有京京做错了两个动作。这时，有两个小朋友说京京不动脑筋，有些地方跳错了，还在一旁做了示范。京京立马觉得不好意思了，之后，趁其他小朋友休息的时候，他又认真练习了好多遍，终于记清了那段舞蹈的所有动作。

孩子的羞耻心在自我意识发展的过程中产生，是影响其道德品质好坏的重要因素之一，且常常有明显的外向反应，如在做错了事或说错了话的时候，在受到批评的时候，在要求参加某项活动却未被准许的时候等等。遇到类似的情况，家长应用心体察孩子的心理变化情况，善于利用于他们的羞耻心激发其忏悔情绪或引导他继续努力、积极进取。具体而言，家长可从以下方面着手培养孩子正常的羞耻心：

1. 少用尖刻言语，多当众赞扬孩子

家长的鼓励与赞扬，有助于增强孩子的自尊心和自信心，尤其是当众的赞扬，能让孩子有自豪感。之后，为了维护自己的良好形象，孩子一旦出错，就会立马感到羞耻并努力改错。但如果，家长在孩子犯错或不如别人优秀时，一味责怪孩子，那就很容易伤害他的自尊心。渐渐地，孩子会将这种责怪习以为常，此后再出现错误时便不会有羞耻心。

因此，平时生活中，孩子犯了错或在某些方面表现得不够出色时，家长应及时开导他，要给予安慰。

2. 孩子犯了错，家长应帮他“保密”

在家庭中，孩子做错了事，家长应在引导他认真忏悔、改错的同时，注意替他保守秘密。

每个孩子都想把自己最好的一面展现给周围其他人。那么，既然他已在家长面前感到羞愧，并开始调整自己的行为，家长就没必要再让其他人对其横加评论。

3. 对孩子的不良行为应就事论事

很多家长在发现孩子做错事时，不仅会严厉批评、指责他，还会因此一事而否定孩子的一切或对他未来的品行妄下论断，如说出“你继续这样下去还怎么得了”、“你怎么总是这样不知羞耻，没干过一件好事”之类的话。

其实，孩子的自尊心都很强，他很害怕别人因某一件事而否定自己的全部。所以，平时生活中，家长在教育孩子时应就事论事，当孩子犯错时，应给他一个主动忏悔、认真改错的机会。

细节77：培养孩子的荣誉感

9岁的丁丁已上小学三年级，是个比较听话的男孩，家里许多长辈都很疼他，爸爸、妈妈的同事和朋友们也都羡慕道：“你家丁丁真乖，我的孩子要是像他那么听话就好了！”可是，家家有本难念的经，在旁人看来很乖的丁丁，也不是没有任何缺点。

自丁丁上幼儿园起，爸妈就为他没有荣誉感而发愁。刚上幼儿园的时候，老师给丁丁的评语就是没有荣誉感。那时，每个老师都说丁丁好像对什么都不在意，犯了错被批评时，他一点都不会难过，受到表扬时也不会兴奋。起初，丁丁的妈妈了解了这个情况后，心中还有一丝窃喜，觉得这是好事，说明丁丁很沉稳。

然而，进入小学后，丁丁的学习成绩越来越差，而他自己却毫不在乎，根本没将此当回事。有时，爸爸妈妈批评他，他也无动于衷，大有“破罐子破摔”的意思。在学校里，老师和同学们都知道他跑得快，就在校运动会之际动员他参加田径比赛，可他自己一点都不积极，还说：“班里有那么多同学，让别人参加就好了，我才没兴趣呢。”

对于缺乏荣誉感的丁丁，爸妈越来越担忧，害怕他今后对每件事都持十分消极、冷漠的态度。

生活中有不少像丁丁一样的孩子，他们可能对班级的事情漠不关心，可能对批评声、表扬声都很无所谓。这样的孩子，是缺乏荣誉感的，他们的人生观、价值观可能会比较消极。

荣誉感是一种积极的心理品质，也是能催人奋进，让人产生强烈责任感的一种精神力量。对孩子本人而言，荣誉感会促使他自觉主动地摒弃许多不良行为，使他保持良好的心理状态；对孩子所处的班级或其他团体而言，每个孩子的荣誉感是整个集体向前发展的动力。

所以，为了让孩子养成良好的行为习惯，让他将来在不同的集体中有更好的发展，家长就应从小培养他的荣誉感，具体方法可参考以下两种：

1. 因势利导，并让孩子发挥专长

一天放学回家，8岁的男孩奇奇兴冲冲跑到妈妈身边说："妈妈，今天学校举办了跳绳比赛，我们班一个女同学没有进前三名，后来她就哭了。"

奇奇完全将这件事当做笑话来说，可妈妈听后并没有和他一起笑，而是平心静气地说：

"孩子，这位同学是个好孩子，你应该向她学习，不应该笑话她的！"

"为什么啊？她动不动就哭，我为什么要向她学习呢？"奇奇不解地问。

妈妈拉着他的小手回答道："孩子，你想想，如果你们班拿到了比赛第一名，你高不高兴？"

奇奇点点头。妈妈继续说："那就是了。这位女同学哭，是因为她觉得自己没有帮班级争取到第一名，她这是关心班级的表现。一个关心班级的孩子，老师和同学们都会很喜欢的。"

"哦，我明白了，妈妈！那么，下次比赛要是我们班再拿不到好名次，我也哭。"奇奇用手摸着小脑袋说。

听了这话，妈妈笑道："向她学习，不一定是要像她那样哭的。你可以发挥自己的专长为班级争得荣誉，比如说让学校把你画的很漂亮的图画，贴到校门口的书画作品展示墙上。"

"妈妈，我知道了，今后我一定好好练习画画，为班级争荣誉。"奇奇满怀信心地说。

培养孩子的荣誉感，家长应像奇奇妈那样多留意孩子的一言一行，要抓住机会因势利导，激发他的荣誉感，而不是经常用命令的口吻要求孩子做某事。

2. 对孩子的鼓励可以适当"小题大做"

李女士的女儿上学四年级了，原本学习成绩并不好。但近半年里，李女士和丈夫常常陪她温习功课，还不断鼓励她，渐渐地，她的成绩有所提高。不久前，女儿在一次测验考试中取得了很好的成绩，名次也排在班级前列。李女士夫妇高兴极了，他们告诉女儿："你能有这样大的进步，爸妈都很高兴！这是你自己争取来的容易，以后要保持呀！”而在言语鼓励、表扬的同时，李女士还决定给女儿办个家庭小“庆功宴”，既表示对她优异成绩的肯定，又激励她向更高的目标迈进。果然，李女士的这番“小题大做”，极大地鼓舞了女儿的“士气”。之后，她每天都很自觉地学习，做其他事也越来越认真。

当孩子在学习或其他方面有较大进步时，家长多加鼓励，可以增强他的荣誉感，也会使其变得更加自信。

第十一章

让孩子做事讲方法的7个家教细节

“巧干能捕雄狮，蛮干难捉蟋蟀。”这是一句俄罗斯谚语，却道出了一个再简单不过的真理——做事要讲究方法。然而，生活中总是有许多孩子遇事优柔寡断，做事三心二意、拖拉磨蹭或有始无终，最后将事情弄得一团糟。这样的处事方法自然不会给孩子的品行加分。做事讲究方法，往往能收到事半功倍的效果。那么，为了让孩子的人生道路走得更加顺畅，家长又岂能忽略教他正确的处事之道？

细节78：让孩子学会果断处事

9岁的小曦是个乖巧懂事的女孩，家长、老师和同学们都很喜欢她。可是，小曦有一个缺点，就是比较优柔寡断，遇事总拿不定主意。以前，爸妈并不是很在意这个问题，觉得女孩性子柔和，做事不够果断实属正常。但后来，小曦越来越优柔寡断，考试成绩开始持续下降。究其原因，是她对自己的答案没有把握，想到一个问题的答案后又很迟疑，总是犹豫着要不要这样答，结果浪费了很多时间，考试结束时她还没有答完题。有时，小曦写下一个问题的答案后又会对其产生质疑，总觉得这个答案不对，于是就翻来覆去地改。结果，一些原本正确的答案倒被她改成错的了。渐渐地，爸妈觉得小曦必须试着改变她优柔寡断、瞻前顾后的处事方式，否则她将来会因此吃更多亏。

人的一生中，只有果断把握住机会，才有可能品尝到更多成功的果实。但现实生活中，很多人从小就缺乏果断行事的处事风格，他们时常因自己的犹豫不决、瞻前顾后、优柔寡断等错过许多机会。

果断的性格对孩子日后的成功起着十分重要的作用。所以，在孩子成长的过程中，家长应积极履行其责任，尽早想办法创造条件，让孩子慢慢学会果断处事。具体而言，家长可采取以下方法培养孩子果断的性格：

1. 鼓励孩子独立完成自己的事

为解决孩子的依赖性，家长可以尽早让孩子独立完成生活中一些力所能及的事，比如让他自己洗衣服、整理房间、照顾小动物等。只要是孩子能做到的事，家长最好不要插手，留给孩子足够的时间去思考、体验。这样，孩子就能渐渐发现自己的能力所在，会对自己更加有信心，之后做起事来会更加果断。

2. 孩子独立做某事时，家长要多鼓励、少批评

家长的正确评价可减轻孩子的心理负担，使他能在下一次做事时果断作出决策，并有信心做得更好。相反，如果孩子认真做了却没有做好某件事，家长立即批评、指责他，那他今后会更加害怕做这件事。

3. 必要时对孩子施以援手

有时家长让孩子做他从未做过的或难度较大的事，孩子很可能会在一些困难面前变得犹豫不决，不知如何下手。这时，家长应给予孩子适当的帮助，让他学一些克服困难的基本方法和技巧。当孩子学到处理问题的具体方法并有了一些实践经验，今后再做类似的事，他自然不会再犹豫不决、不知所措。

刘女士给了女儿芊芊100元钱，让她去超市买些生活用品。可8岁的芊芊从没独自逛过超市，在繁多的货物面前，她挑来挑去拿不定主意。一个多小时后，她还在超市里转个不停，却没有挑好一样东西。后来，刘女士跑来超市找她，看她什么东西都没买到，就从包里拿出纸笔，列了张清单，然后告诉芊芊她们需要些什么，每一样东西大概要花多少钱等。有了这张清单及刘女士的提醒，芊芊挑选货物效率就大大提高了。自那以后，她便学会了有计划、有安排地购物或做其他事，且做事时越来越果断，不再像以前那样盲目、迟疑。

另外，家长帮助孩子时不一定要有实际的行动，可以通过制定具体、明确的处事计划、方案等来提供帮助。

4. 给孩子创造自己拿主意的机会

家长应该尽量为孩子创造自己选择、自己做主的机会，如在买衣服时，家长可以选定价格合适的几件衣服，而到底买那种花色、款式的，则由孩子自己拿主意。长此以往，孩子会渐渐懂得在权衡利弊后做出最佳选择。

细节79：让孩子心无旁骛的专注做事

爱迪生是世界知名的大发明家。他取得了许多重要的发明成果，有的成果在实用化之后给社会创造了无数的财富，改善了人们的生活。爱迪生为什么能够取得这么多的成就呢？

有一次，爱迪生和朋友喝茶。朋友提到了这个问题。爱迪生认真地的回答了这个问题。他的秘诀就是专注做事。当他有一个新的想法在脑海中涌动时就会马上用笔记下来，并立刻验证是否可行。如果他认为这个想法有较高的可行性时，就会全身心地投入到研究中，即使遇到困难也毫不退缩，而是采用各种方法以尽量解决。在这个过程中，他常常忘记吃饭和休息。他的大脑高度集中在这件事上，因此总能取得比别人更高的研究效率，得到的成果自然也很多。

一个人的精力是有限的，把有限的精力分散在好几件事情上，这是很不明智的行为，只有专注，才能让人有所收获。

然而，现实中很多孩子从小就缺乏专注做事的耐心，时常漫不经心，做事有头无尾或三天打鱼两天晒网。面对这样的孩子，家长如果不及早注意纠正他的坏习惯，他最终可能会一事无成。那么，家长到底怎样做才能帮孩子养成专注做事的好习惯呢？

1. 让孩子明确自己的任务和目的

在要求孩子做某件事时，家长要明确告诉他，做这件事的目的是什么，能获得哪些收益等。当孩子了解清楚自己的任务和目的后，他就会有一定的责任感和自觉性，做起事来注意力会比较集中。

另外，家长可以不定期地对孩子正在做的事情进行检查，并多加鼓励，这样也能督促他更加集中精力、专心致志地完成任务。

2. 帮孩子排除内外干扰

帮孩子排除内部干扰，指的是家长应督促其多进行体育运动，并保证充足的睡眠，将身体调整到最佳状态，以避免用脑过度及身体过于疲累。

孩子做事不够专注，有时是因为受到了周围嘈杂、纷乱的环境的影响。所以，在孩子学习或做其他事情时，家长应注意帮其营造一个安静的氛围，比如孩子专心学习时，家长最好不要在其身边大声说话，或收拾他的房间等。

3. 让孩子每次只想、只做一件事

无论是在学习还是生活上，孩子每天可能都要做很多事情，这就难免在做这件事时想着另一件事，最后什么都做不好，还养成了三心二意、注意力涣散的坏毛病。所以，在孩子有较多任务时，家长应该要求他在某一段时间里只做好一件事情。

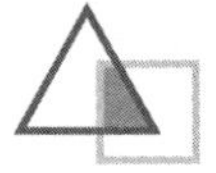

细节80：帮孩子克服做事拖拉的坏毛病

10岁的嘉嘉学习成绩比较优秀，也很听话，是家长和老师眼中的乖孩子。可是，这个乖孩子也不是没有缺点的。

不知从何时起，嘉嘉养成了做事拖拉、磨蹭的坏习惯，做什么事都比别的孩子慢。很多时候，老师留的课堂作业，其他同学都做完了，嘉嘉却没有完成，到家里还在做，有时到夜里12点才能做完。后来，嘉嘉的妈妈打电话给老师，问她有没有在学校里认真做作业，结果，老师说她在学校时也不怎么玩儿，一直在课桌前学习，可就是不能快速完成作业。

不仅如此，嘉嘉在起床穿衣、洗脸刷牙、吃饭等各种生活细节上也表现得比较拖拉，早晨本来是很早起床的，却很晚才能到校，经常迟到。爸妈提醒她多次，也经常催促她加快速度，但都没起到太大作用。爸妈看到嘉嘉做事慢腾腾的样子，越来越着急，心想他们都是急性子，可嘉嘉为什么会如此磨蹭呢?

孩子做事拖拉、磨蹭，主要原因可能是：孩子缺乏时间观念和效率观念；家长平日对孩子的事大包大揽，导致其依赖性增强；孩子对正在做的一些事情没有兴趣，提不起精神；孩子易分心，常被周围其他东西所吸引而无法集中精力做好当前的事等等。

看来，孩子做事拖拉的原因是多方面的，家长若想帮孩子改掉这个坏毛病，就得从多方面入手，选择合适的方法培养其做事麻利又高效的好习惯，以下几点建议可供家长们参考：

1. 让孩子学会与时间“赛跑”

在让孩子与时间“赛跑”之前，家长应先帮助孩子树立时间观念，让他认识到时间是世界上最珍贵的财富，失去了就再也找不回来。比如，家长可以给孩子讲一些名人珍惜时间最后取得成功的故事，或将有关珍惜时间的名言警句写成条幅挂在孩子的房间里等。

当孩子有了正确的时间观念后，家长可以为孩子设计一张时间表或完成任务的成绩表，在表上记录他开始做每一件事的时间、完成时的时间，每隔两三天总结一次。发现孩子有进步，做事效率有所提高后，家长要给予其表扬和奖励；若没有进步，家长也不要叱责孩子，应该帮他找出原因，再考虑用其他方法来提高其办事效率。

2. 让孩子自己承担做事拖拉造成的后果

在孩子拖拉、磨蹭的时候，家长要让孩子着急，而不是自己着急。比如，孩子早晨起床磨蹭，穿衣服、整理书包等的速度慢。这时，若家长急得不得了，赶忙帮孩子做这些事，还亲自骑自行车或开车送他去学校，孩子可能会觉得磨蹭一点没关系，反正有爸妈帮我。但如果，家长镇定地站在一旁，告诉孩子“再不快点就要迟到，我可帮不了你”之类的话，他或许会因意识到问题的严重性而加快速度。而即使这一次孩子继续拖拉，上学迟到挨了批评的他，就会认识到办事拖拉给自己带来的害处，之后便会自觉去克服这个坏毛病。

3. 充分利用家里的小闹钟

孩子身边的小闹钟可以对他起到督促作用，闹铃响起时，孩子容易产生紧迫感。所以，在孩子做某件事之前，家长可以帮他定上闹钟。这样，假如孩子做事拖拉，闹钟铃声响后还没有完成任务，那么这个铃声也能提醒他：你已经耽误很多时间了，不能再拖拉了。

细节81：让孩子学会分轻重缓急

关于做事要分轻重缓急，有位杰出的时间管理专家曾做过一个试验：

在一所大学的课堂上。一位教授拿出了一个旅行包。他向里面放了一些被褥，然后问同学们："这个旅行包满了吗?"同学们纷纷点头称是。教授又向旅行包里放了几瓶瓶装水。他又拿出几块石头放在了旅行袋中。

后来，教授用真空收纳袋将被子抽取空气后，再放到旅行包里。包里又可以放更多的东西了。做完这一切后，教授告诉大家："我之所以这样做，是让大家明白一个道理，你们在做事情时要会将复杂的事情分类，区分孰轻孰重，对每一类事情进行相应的处理。这样你们就能解决更多的事情，完成更多的任务。"

所以，孩子成长的过程中，家长应让孩子懂得分轻重缓急，让他先处理好重要的、紧急的大事，然后再考虑去做不太重要的小事。具体方法可参考以下两种：

1. 帮孩子将复杂的事情分类

很多时候，孩子做事不分轻重缓急，是因为他还不能对各种事物做出准确的判断，不知道哪些事是重要的、紧急的，哪些又是次要的、可暂缓处理的。这时，家长就要帮助孩子将这些复杂的事情进行分类，排列出轻重、缓急的程度，然后让孩子一件一件地去解决。

一般来说，孩子学习、生活中的各种事情都可分为这样四类：重要且紧急的事；重要却不是很紧急的事；紧急但不太重要的事；不重要也不紧急的事。在教育孩子的过程中，家长应该引导孩子依这样的顺序来处理各项事宜。

2. 用一些小故事或身边人的事例启发孩子

有时，孩子处事杂乱无章，是因为他还没有意识到不分轻重缓急会造成哪些不良后果。因此，要让孩子轻松面对各种或急或缓、或轻或重的事情，家长就应让他知道做事不分轻重缓急的害处。为此，家长可以在平时生活中多讲一些相关的故事给孩子听，让他从中受到启发。

细节82：培养孩子的成本意识

“妈妈，为什么我们要坐快车，而不坐动车呢？快车要多坐两个小时啊。”在坐火车去北京看望爷爷奶奶的途中，8岁的女孩颖颖问妈妈。

妈妈回答道：“我们也不需要赶时间，坐快车来回，能节约200多元钱呢。”

“哦……”颖颖似懂非懂的答道。

“颖颖啊，可不要小看这200元哦，它可以买的东西很多，比如我们可以给你买好几本书，可以多买几样玩具，还可以买很多吃的。你想想，别人花400元只能往返北京一次，而我们花400元，既能去北京，又能用节省下来的200元钱买书、玩具或食物，这多划算啊！”妈妈耐心地告诉颖颖。

颖颖听后仔细想了想，然后说：“哦，妈妈，我明白了。花200元能做到的事，我们就不花400元去做，是这个意思吗？”

“嗯，没错，是这个理儿。颖颖真聪明！”妈妈笑着称赞道。

如今的孩子大多都生活在“蜜罐”里，家里有较好的经济条件，因此他们花钱时常大手大脚，不懂得节省，也不会考虑成本与收益的关系。

然而，现实生活中，每个人所拥有的资源是有限的，人们都想利用有限的资源争取到最大的收益。所以，家长若想让自己的孩子获得更大的成功，就应从小培养他的成本意识，让他学会用最小的代价去赢得最大收益。具体而言，家长可以从以下方面入手对孩子进行成本教育：

1. 让孩子清楚自己家庭的经济状况

其实，在孩子成长的过程中，家长不必忌讳提“钱”的问题，用正确的方式让孩子清楚自己家庭的资金状况，这可能会起到意想不到的效果。

但是，家长最好不要直接告诉孩子每月、每年的收入是多少，家里有多少存款等，而是应该委婉地向其说明：我们家的生活水平比有些家庭要好一些，但周围还有很多人比我们富有，所以我们要更加注意节省，并通过努力学习、努力工作赶上他们。这样既增强了孩子的家庭责任感，又能避免他与其他人进行攀比，可谓一举两得。

2. 让孩子体会到节约成本后的好处

罗先生的儿子上初中时学习成绩一般，为此罗先生经常请家教帮他补习，可到了初二末期，他的成绩仍没有太大进步。于是，罗先生仔细思考之后，决定对其进行成本教育。他告诉儿子：“如果你再加把劲儿，顺利考入重点高中，我们就能节省 1 万多元，到时候我们一家人就可以拿这 1 万多元好好旅游一趟。”听罗先生这么一说，原本就很喜欢旅行的儿子终于“想通了”，开始下决心苦学。一年后，他以优异的成绩考入了市重点高中。这时，罗先生也兑现承诺，用儿子“节省”的成本带他去旅行。

很多时候，当孩子亲身体验了一件事并从中获得收益后，他才会在今后的岁月里更加努力地做好这件事。

3. 对孩子进行理财的训练

孩子花钱大手大脚，不懂得节约成本、控制成本，很重要的一个原因是家长缺少对其进行理财教育。

平时生活中，家长不妨与孩子订立一份“零花钱合约”，在合约中写上家长每月或每星期给孩子多少零用钱，其中多少钱需用于购买书籍、文具等，多少钱需用于支付公交费，多少钱可自由支配等。每次合同到期后，若发现孩子透支，家长可将其下一个月或下一星期的零用钱数额减半；若孩子比较节俭，合同到期后还有一部分存款，家长就应奖励孩子。

另外，自孩子六七岁起，家长就应教孩子存钱，并让他学着看商品标签、比较价格。长期如此，孩子会渐渐学会货比三家，学会从打折、优惠品中挑选物美价廉的商品，以达到节约成本的目的。

细节83：培养孩子持之以恒的性格

古代，在一座山上住着一位远近闻名的大学问家。经常有年轻人慕名而来，想拜他为师学习学问，但大都遭到婉言拒绝。每隔几年，他也会选择几位天资较好的年轻人作为预备徒弟进行考察。这些年轻人中，只有通过了考验的人才能留下来继续学习学问。

有一次，学问家对新来的几位弟子说："我给你们一个考验，你们通过之后才能继续留下来学习。这个考验非常简单，就是你们每人每天早晨都要山脚下的小河旁打三桶水回来，中途不能休息。每次都要以最快的速度完成任务。"

年轻人们听到这个要求后认为很简单，纷纷答应了下来。一年之后，只有一位农家子弟留了下来，其余的人都被这位大学问家送还回家。原因就是，在这一年中，这些人有偷懒的情况。

大学问家对那位农家子弟说："你用自己的行动证明了有一颗恒心，现在你通过考验了，可以正式成为我的弟子了。"

那位农家子弟在这里认真学习了数年，学有所成后参加科举，成为了状元。

生活中，我们时常会看到一些孩子做事没有恒心、半途而废，比如新学期开始，孩子会应家长、老师的要求为自己制定学习计划，最初一段时间，他们还能完全照计划行事，可渐渐地他们就会有所松懈，甚至一提起原定计划中的学习任务就打退堂鼓。遇到类似的情况，家长都会为孩子着急、担忧。那么，家长该如何做才能让孩子学会持之以恒呢？

1. 培养孩子的兴趣

孩子半途而废、无法坚持做好某事，很可能是因为他对此事根本没有兴趣，在

"被迫"完成任务的过程中对其产生了厌恶感。所以，平时生活中，家长应注意培养孩子的兴趣，尽可能让他做自己喜欢的事。比如，在让孩子参加艺术培训时，家长不能依自己的喜好、他人的意见等要求孩子学习某种技艺，而是要听听孩子的想法，或通过让孩子适当体验几种艺术类型来发掘他的兴趣，然后再决定选择哪一种类型。当某一项活动能吸引住孩子时，孩子就有可能善始善终。

2. 帮孩子制定相对具体、可行的计划与目标

有些家长给孩子制定的计划不够具体，这让孩子不知该如何下手，即使自己开始摸索着去执行计划，当遇到困难时他们也会失去耐心，无法坚持；有些家长给孩子定的目标太高，这会让孩子觉得心有余而力不足，使其自信心受到打击，之后他们自然就无法持之以恒地去达成目标。

因此，家长要帮孩子制定相对具体的计划，让他在奋斗的过程中时刻都知道下一步应做什么、该怎样去做等。在这份计划中，家长给孩子定的目标应该是短期内可以实现的。当孩子实现一个目标后，成功的喜悦会激励他继续前进，为下一个目标不懈努力。

3. 在监督与鼓励中让孩子学会自我监督

孩子毕竟是孩子，对许多事物的好坏还没有一定的辨别能力，自控能力也比较差。所以，家长应在孩子成长的过程中扮演好监督者角色，并适时给予其指导和鼓励。比如，家长可以在与孩子商量后确定某项事宜，然后让孩子独立完成这件事。这个过程中，家长可每天检查孩子完成此事的情况，并让孩子进行自我评价，如果孩子的表现良好，家长应给予表扬、奖励。

在让孩子进行自我评价时，家长可以制作一张"自我鉴定表"，让他认真填写一段时间内完成任务的情况，并定期将鉴定表交给老师，让老师表扬孩子的自觉行为，引导其纠正不良行为。

细节84：让孩子学会先思考再做事

现实生活中，许多孩子容易出现遇事欠考虑、不计后果的情况，比如有些孩子买东西时轻率马虎，不做比较，没有认真挑选，最后花大钱买来很多性价比极低的商品；有些孩子不遵守交通规则，抱着“汽车不敢撞人”的心态大胆闯红灯，结果却使自己付出流血甚至生命的惨重代价。

因此，在孩子做事之前，家长都应提醒他深思熟虑，让他为自己的行为负责，三思而后行。一般而言，家长可以通过以下几种方法教孩子学会在做事前先深思熟虑：

1. 让孩子对自己行为可能产生的影响做预测

让孩子在做事前深思熟虑，家长首先应要求其对自己所做之事可能产生的后果、影响等做一预测，也就是分析利弊，然后再考虑自己该不该做，能不能做。

一般来说，孩子在做某事之前要考虑的因素包括：与当前的环境是否合拍；是否违反相应的道德规范或法律条款；自己是否有能力完成它并承受其风险等。

2. 丰富孩子的知识经验

有些年龄较小的孩子做事欠考虑、易轻举妄动，这是因为他们缺乏相应的知识经验，根本无法预测自己的行为会产生怎样的后果。比如，有些小孩喜欢爬上爬下，站在砖堆、高台上往下跳等，结果不是腿擦伤了就是脚扭了。面对这类情况，家长应时常向孩子解释一些不良行为的危险性，可以通过讲故事、放相应的教学影片等方式，让孩子更直观地认识到许多行为可能对自己造成的危害。

3. 让孩子学会“一步一回头”

孩子做一件事情之前，家长应要求他慎重思考，而在进行此事的过程中，勤检查也是保证其顺利达成目标的一个关键。对事情的每一步都深思熟虑，把每一步都做到最好，孩子就会离成功很近。

第十二章

让孩子拥有好人缘的8个社交技巧细节

歌德说，人不能孤独地活着，他需要社会。其实，人的一生就是进行社会交往的一生，任何人都不可能完全孤立于社会。社交是事业成功与否的一个关键，那些有才能而得不到充分发挥的人，很多情况下是受人际关系的影响；社交是人们内心自然的需求，因为“如果你把快乐告诉一个朋友，你将得到两份快乐，若你将忧愁向一个朋友倾诉，你将被分掉一半忧愁”……既如此，作为家长，为何不及早开始帮孩子塑造有益于社会交往的性格，让孩子从小拥有好人缘呢？

细节85：让孩子学会忍耐

我们常说“忍一时风平浪静，退一步海阔天空”，意思是说，我们遇到事情时要有一定的忍耐力，要控制好自己的情绪。可在大多数孩子的成长过程中，他们都会出现冲动易怒、脾气暴躁等缺少忍耐力的情况。生活中，我们常常会遇到这样的事：两个小朋友原本各自玩滑梯、摇木马，正当一个玩得起劲的时候，另一个跑过来二话没说就推开对方，两人你推一下我推一下，争得面红耳赤，最后差点打起架。仔细想想，如果两个孩子的忍耐力稍强一些，他们可能就不至于为如此小事动口又动手。

儿童教育专家研究发现，孩子的忍耐力，与其年龄是负相关的关系，即如果一个孩子从小缺少忍耐力，家长又不注意对其进行正确的引导，那么随着年龄的增长，他的忍耐力会越来越差。缺少忍耐力的孩子，其最明显的性格特征就是“霸道”，容易被自己的情绪左右，进而不遵守相应的规范，如不排队轮候、欲望未得到满足时立即发脾气等。

所以，家长应该从小注重培养孩子遇人遇事忍耐的性格，久而久之，孩子的自控能力会越来越强，人也会变得更加稳重自信。具体来说，家长可以采用以下方法增强孩子的忍耐力。

1. 对孩子的要求“延迟满足”

法国教育家卢梭曾说：“你知道用什么办法准能使你的孩子得到痛苦吗？这个方法就是‘百依百顺’。因为种种满足他欲望的便利条件会使其欲望变得无止境，结果，当有一天因无能为力而拒绝满足孩子的欲望，从未受过拒绝的他会感觉突然碰了钉子，这比他得不到想要的东西还痛苦。”

这次，孩子暂时被哄住了，可下次呢？对孩子的要求无条件答应，只会让孩子感觉掌握了对付家长的“秘密武器”，想要的东西不给我，我就哭给你们看！甚至有时候，还会发挥到登峰造极的“境界”，比如离家出走、用欺诈手段等。那时，家长会感到更加束手无策。

所以，在孩子第一次提出这样的要求时，家长就应想办法让他忍耐一段时间，告诉他：“等你过生日的时候，妈妈买给你当生日礼物好吗?”或者“妈妈的钱不够，改天帮你借一台相机你先试试，下个月发了工资再给你买新的好吗?”

这样，孩子的情绪波动或许会小一些。而在拖延一段时间后，他可能会发现，自己对摄影的兴趣其实没有那么大。

其实，延迟满足，不单是让孩子学会等待，也不是一味压制他们的欲望，而是让其学会克制，在“经历风雨”后看到更美的彩虹，得到更多更长远的利益。

2. 一言九鼎，说好不允许的事就要坚持到底

孩子也希望自己把每件事都做到最好，希望周围的每个人都喜欢他。所以，家长让孩子说到做到，学会自我控制，这不仅能增强他的忍耐力，还会减少其欲望得不到满足时的痛苦。家长这样的制止方法，还会让孩子觉得自己还很受大家喜爱。

3. 让孩子适当忍受疼痛，或体验艰苦生活

当孩子受伤、生病时，家长往往很担忧，这其实是强化了孩子对疼痛的感知能力。事实上，如果孩子的伤势、病情不太严重，通过吃药、打针等能很快康复，家长就不必太过着急。这时，家长表现出很平静的样子或用孩子感兴趣的事情转移其注意力，他就能在不知不觉中忍受住病痛。

另外，孩子放假后，家长可以创造机会让他去偏远农村或贫困地区生活一段时间，让他适当体验艰苦、贫困的生活，并慢慢学会吃苦耐劳。

细节86：让孩子善于表达

已上初中的男孩国新有些腼腆。在学校里，他很少和同学们聊天，上课也不敢发言，老师提问时，他说话经常会结巴，有时甚至会发抖、出汗。在家里，他似乎也不善于表达自己的想法和情感，有时爸妈主动和他交流，他也表现得很拘谨，好像在接受训斥一样。渐渐地，国新的爸妈意识到孩子性格上的缺陷，却不知该如何培养他善于表达的性格。

在大多数人看来，善于表达自己的想法，与他人交流沟通，这并不是件难事。但在国新这样的孩子眼中却显得比登天还难。这些孩子害怕与人打交道，在人际交往中常常处于被动位置，有时与熟人交谈都会很紧张，有说话时口齿不清，不敢抬头看对方等问题。

对于这样的情况，许多家长并没有特别重视，他们认为孩子仅仅是害羞，不愿在公共场合或陌生人面前讲话，不是什么大毛病。但心理学家指出，孩子过于害羞，不善表达，在与人交往时出现紧张不安、心跳加快、手足无措等现象，那他很可能产生社交恐惧心理。这种心理障碍若长期得不到缓解，孩子还可能会患上更严重的社交恐怖症。

所以，如果发现孩子不善言辞，不愿表达自己的真实想法与情感，家长应尽早想办法引导他敞开心扉，让他大胆、自信地与人交往。要让孩子善于表达，家长可采取的方法很多，最主要的有以下几点：

1. 让孩子走出家门，从小学会主动交友

孩子不善言辞，多半因为其性格内向、腼腆。但孩子的性格是可以被改变的，若家长鼓励孩子从小主动与其他小朋友一起活动，多让他接触性格开朗、活泼的小朋友，他也会慢慢受其影响，性格会开朗一些。

在鼓励孩子走出家门与其他人接触时，家长要耐心一些，刚开始可以让他去自己比较喜欢或熟悉的地方，比如带他去游乐场玩、去体育场锻炼等，或让孩子和其他小朋友一起去。在去见其他人之前，家长可以帮孩子预先准备一些谈话内容，让他的心里有个“底儿”，这样有助于消除他的紧张感。

2. 允许孩子有“无稽之谈”

除孩子本身的性格特征外，家长的过度保护、不断指责，也是导致孩子不善表达的一个重要原因，因为这容易使孩子产生自我否定心理，从而引发他对人际交往的恐惧。

要想培养孩子善于表达、开朗健谈的性格，家长还应对其所说的一些荒唐无稽的话给予肯定和尊重，切不可用“小东西胡思乱想些什么”“什么都不懂不要瞎说”等否定性言语打击孩子的自信心。

家长适当赞赏孩子的“无稽之谈”，这既会让孩子更加自信，又能增进了父子间的感情，让孩子更乐意与人交流沟通。相比之下，家长用否定性语言指责孩子，就很容易使其产生惧怕心理，从而不敢再将自己的想法表达出来。

3. 父母要与孩子多交流

心理学家研究发现，在游戏、娱乐活动中不够积极的孩子，其家长的性格一般也比较内向，话语较少；而在各种不同的游戏中都喜欢带头，表现得积极主动又有活力的孩子，他的爸妈往往也是话匣子，社交能力比较强。所以，平时生活中，为了让孩子能说会道，家长自己也应提高表达能力，要以开朗的姿态与孩子轻松愉快地交流。

另外，孩子不善表达，还可能源自于爱的缺失，这并不是说家长真的不爱自己的孩子，而是与孩子之间爱的表达不够。很多家长听到“你爱你的孩子吗”“对孩子说过‘我爱你’吗”等问题，都会给出类似这样的答案——哪有不爱自己孩子的父母？把“爱”挂在嘴边有什么用？但其实，当家长不善表达对孩子的爱时，孩子就接收不到自己需要的爱。久而久之，双方之间会产生隔膜，孩子会越来越不善表达自己的情感。

细节87：让犯错的孩子勇于承担责任

7岁女孩小璐与5岁的小男孩南南是姐弟俩，一日家里有客人来访，并带来了南南最爱吃的奶糖。但客人走后，爸妈将其放在了比较隐蔽的地方，想留着让南南他们以后慢慢吃。

结果，晚饭之前，南南趁爸妈做饭的时间找到了奶糖，并偷偷拆开吃了好几颗。后来爸妈发现后问是谁吃了奶糖。南南看到爸妈不高兴的样子，害怕被责骂，于是低着头一声不吭。但爸妈早就知道糖是谁偷吃的，这样问只是希望南南能敢做敢当。可没想到，最后小璐为了不让弟弟受罚，自己站出来承认偷吃奶糖。

小璐能如此爱护弟弟，爸妈当然很高兴。但同时，他们也为南南担忧，不知该怎样让南南变得有担当，敢于承担责任，为自己的错误埋单。

其实，要培养孩子敢做敢当的性格并不是件难事，家长可以从以下方面着手，让孩子从小学着承担自己的责任。

1. 善用惩罚性措施

在教育孩子的问题上，很多人都不提倡使用惩罚措施，甚至严厉批判惩罚孩子的行为。惩罚固然不宜，但它绝非一无是处，我们没必要过分排斥。在孩子的成长过程中，家长适时采取一些惩罚性措施以制止他的不良行为、习惯，是比“动之以情，晓之以理”更有效的方法。

一般来说，小孩子都能容忍别人尤其是爸妈的批评，在内心深处，他们也愿意借别人的提醒来改善自己的行为，最后赢得他人的肯定与尊重。

除批评之外，惩罚性措施还包括给予脸色、警告、叱责、罚劳动、体罚等，每一种手段的惩罚程度有所不同。如有需要，家长应视具体情况决定采用哪一种惩罚措施，比如孩子出手伤人或做了其他危险性较大的事，就可以采用体罚的方法；若仅仅是偷吃一块糖、弄脏了房间等，用给予脸色、批评或罚劳动的方法就可以了。

2. 促膝谈心，给孩子播下敢做敢当的“种子”

对于孩子的某些不良行为，家长不必当时就作出反应，否则可能会增加孩子心中的恐惧感，让他因过分害怕而推卸责任。有时，家长也应冷静一些，然后心平气和地与孩子谈谈，给他播下敢做敢当的“种子”，慢慢地，这种思想会在他的心中“发芽”。

3. 让孩子自己补救错误

家长要让孩子明白逃避错误是不可取的，一味地逃避只会让自己变得更懦弱。与此同时，家长还应告诉孩子仅仅承认错误是不够的，犯错后更重要的是想办法去改正错误、补救过失。比如，孩子在学校损坏了别人的东西，家长一定要让孩子买了还给对方，要让他懂得，自己造成的不良后就必须自己负责。

细节88：教孩子提高亲和力

14的女孩玲玲从小成绩优异，是爸妈的骄傲。可是，自小被爷爷奶奶、姥姥姥爷“宠”大的她，性格却过于张扬，常常表现得比较霸道，家长都拿她没有办法。而在学校里，玲玲还有些孤高自傲。由于成绩好，几乎每次考试都是班级第一，玲玲有些看不起班上其他同学，经常对他们冷言冷语，有时还会讽刺一些成绩差的同学。渐渐地，同学们都认为玲玲太过自傲，不把任何人放在眼里，很少有人愿意与她交流、玩耍，她变得很孤独，爸妈也越来越担心她。而与之不同的是，班里另外一个成绩并不是太好、长相也很一般的女孩，却有极好的人缘，原因在于她很有亲和力，在任何人面前都保持微笑，说话也很有礼貌，这让大家觉得很亲切。

以往在教育孩子的过程中，许多家长都将更多的心思用在了培养孩子的学习能力、领导能力等方面，却忽略了增加孩子的亲和力。可如今，无论是在人际交往还是在各种社会活动中，人们都越来越重视亲和力的作用。所以，家长如果想让自己的孩子建立起更好的人际关系，就应该从小帮助孩子增加亲和力。具体而言，增加孩子的亲和力，家长应做好以下几点：

1. 不要过分引导孩子与同伴竞争

竞争能够刺激孩子的好胜心，让他有前进的动力，但家长时时刻刻都要求孩子与人竞争并从竞争中获胜，孩子就很容易背上沉重的包袱，产生输不起的心理压力。一旦孩子背负过大压力，他就容易产生孤僻自闭或冷漠自傲等消极心理，这会使其越来越缺乏亲和力，从而失去更多与他人友好交往的机会。

所以，家长希望孩子出类拔萃、出人头地，这是人之常情，但不能以牺牲孩子的友情与快乐童年为代价。为了让孩子快乐地成长，家长最好不要逼迫孩子去做“人上人”，而应该给他更多的情感支持，让他在比较轻松的成长环境中慢慢学会自我竞争。

2. 让孩子适当吃点小亏

俗话说，吃亏是福，学会吃亏的孩子，将来会更加懂得珍惜。人与人之间要想有真情实感，就不能斤斤计较，而是要学会谦让，学会吃亏。

在成长的道路上，孩子时常会遇到与同伴起冲突、争执的情况，这时，家长若因担心孩子吃亏而过度保护甚至不分青红皂白地找人“算账”，孩子就只会袖手旁观，而无法学到解决纠纷或与他人协商、合作的交往之道。因此，如果孩子之间的冲突不太严重，家长就可以在一旁静观其变，给孩子一个自己处理矛盾、解决纠纷的机会。最后，即使孩子妥协了，吃了点小亏，家长也不必难过，因为懂得吃亏也是人生的一种财富。

3. 让孩子时刻注意礼貌言行

无论何时，礼仪都是促进人际关系的“润滑剂”，有礼貌的孩子更容易得到别人的喜爱和尊重。孩子讲文明，懂礼貌，周围人便会觉得他亲切和善，并因此而更愿意接近他、信赖他。因此，平时生活中，家长应有意识地要求孩子多用礼貌用语，比如与长辈说话时，孩子要用敬语“您”；家中有客人时，家长应要求孩子主动与客人打招呼，客人要离开时，要让孩子送其出门。

不过，训练孩子的礼貌言行，这是一个循序渐进的过程，家长不可能要求孩子一夜间变得彬彬有礼。当孩子有不礼貌的言行时，家长应及时矫正并经常在一旁督促、提醒他用礼貌用语。

细节89：让孩子为人善良

媒体曾报道过几个八九岁小孩对一只瘸腿小猫百般折磨的事件。可究竟孩子们为什么会变得冷酷、缺乏爱心，甚至有些残忍呢？其主要原因在于家长忽视对孩子进行善良教育，在给孩子无私的爱的时候，却没有引导孩子去主动爱别人、关心别人。

善良、有爱心，是孩子心理健康的一个标志，这样的孩子，很容易受朋友尊重，并能很快建立起良好的人际关系。缺乏爱心、同情心的孩子往往比较自私，性格怪癖，很难让周围人对其产生好感并与之交往。所以，要让孩子拥有良好的人际关系，家长应从小注重培养孩子善良的性格，主要方法有以下几种。

1. 做好榜样，让孩子在耳濡目染中学会爱

孩子缺乏爱心、同情心，很重要的一个原因是受家长的影响。年龄较小的孩子，其所有道德和行为的标准都是自己的父母。当遇到比较为难的事情，孩子感到迷茫时，父母的一举一动就成了他模仿的对象。

家长对别人的困难或不幸表现得无动于衷，在孩子有善举时还加以阻止，久而久之，孩子便很难感受到生活中那些最珍贵的爱与温暖。

另外，家长的过分溺爱，也会让孩子变得任性、自私，进而只知索取和享受，不懂得付出和给予，其爱心、同情心等便会慢慢淡漠。所以，家长不仅要用自己的善举影响孩子，还要告诉孩子有付出才有收获，善待别人自己才能得到更多人的关爱。

2. 让孩子知道自己的善举对他人的正面影响

如果孩子知道自己的善意行为能对他人产生正面影响，甚至给自己带来心理上的满足，他就会更加富有同情心，更愿意帮助别人。

3. **指导孩子养些花草或小动物**

在德国，小孩子们帮扶盲人，为身有残疾的同学排忧解难等，早已蔚然成风。这是德国家庭从小注重培养孩子善良性格的结果，而他们采用的一个十分重要的方法，就是让孩子喂养小狗、小猫、小兔子等，让他们在照料小动物的过程中学会怜惜生命。

另外，家长还可以鼓励孩子将自己积攒的零花钱捐出来，以拯救受伤小动物或濒临灭绝的动物等。

细节90：教孩子懂得与人分享

最近，程女士一直都为女儿乐乐的事感到苦恼。乐乐8岁了，却依然和小时候一样自私，自己的东西从来不愿意和别人分享。以前，程女士和丈夫觉得她还小，有私心是难免的。

但几年时间过去了，她的性子一点都没有变。

有一天放学回家，乐乐告诉程女士：“妈妈，今天同学向我借一条裙子，说是过两天在班里表演节目时要用，我说那条裙子早就送人了。”

程女士惊讶惊讶地问：“为什么这么说啊，你的裙子都在啊?”

“我就是不想借给她，想穿就自己去买嘛!”乐乐说。

孩子在金钱、财物上比较吝啬、贪婪，不愿与人分享自己的东西，一切都以自我为中心，这些都是自私自利的表现。小孩子的“自私”看起来不是什么大毛病，但如果不及时纠正，就会不利于其建立良好的人际关系。一个什么都不愿与他人分享、独占意识很强的人，很难交到知心朋友，也不易获得他人的认同。

孩子出现自私行为，原因是多方面的，比如人类天生有利己倾向，或家长对孩子的过度照顾、迁就，会在不知不觉中加强孩子的自我意识，让他变得自私、小气。所以，要让孩子懂得分享，家长还得从自己做起，具体方法如下：

1. 避免给孩子“特殊”待遇

许多家长都很宠自己的孩子，有什么好吃的、好玩的全都留给孩子，却不曾想，这样对孩子的成长是很不利的。在孩子成长的过程中，家长不能无条件地满足他的需求，也不能让他“独占”任何东西，而要让他知道自己和其他人是一样的，没有任何特殊之处。

平时生活中，家长应尽力避免给孩子特殊地位，有好东西大家一起用，好吃的大家一起享用，尤其在买回美味食品时不能让孩子“独吞”。如果孩子不愿意或提出其他不合理要求，家长不能因心软而妥协。渐渐地，孩子就会适应家庭中的这种氛围，并慢慢改掉自私、小气的毛病。

2. 积极支持孩子参加集体活动

孩子成长的过程中需要友情，需要伙伴，但目前很多孩子都是独生子女，没有兄弟姐妹，他就只能一个人学习、玩耍，没有人与他互相关照，分享快乐，分担忧愁。

这种情况下，要想让孩子懂得分享，家长就应积极支持孩子参加一些集体活动，让他在与同学们一起为集体、为他人做事的过程中，品尝心中有他人的愉悦。

另外，家长可以学习借鉴新加坡及欧美的许多国家流行的“浸濡式家庭教育”，就是家长把自己的孩子送到别的家庭中，让他学会适应，并在与其他家庭的孩子、家长共同交流、玩耍的过程中，逐渐学会互相关爱，学会谦让与分享。

3. 让孩子和朋友互换玩具玩儿

其实，孩子都渴望快乐，渴望得到更多东西，包括好吃的食物、好玩的玩具等。如果家长鼓励孩子与其他小朋友一起做游戏，互换玩具玩，时间长了，孩子为了得到更多快乐，便会愿意与别人一起分享自己的东西。

细节91：让孩子拥有一颗宽容之心

二百年前，北方的一个村子里有两个年纪相仿的年轻人。他们都很聪明，每天结伴走很远的山路去私塾学习。

有一次，这两个年轻人因为一点小事产生了分歧，争论起来。其中脾气暴躁的年轻人生气之下踢了同伴几脚。同伴很生气，但是没有还手。傍晚，他们放学回家时没有结伴而行，而是一个人在前面走，另一个人远远地在后边走。

他们回家的路上要经过一片茂密的树林。经过树林时，动手打人的年轻人遭到了野狗的袭击。走在后边的同伴听到呼救声后，连忙赶上前去。两人齐心协力打跑了野狗。那位动手打人的年轻人感到很惭愧向同伴道歉并感谢他的救助。同伴笑着说："当时你踢我的时候，我也很生气，但我们是好朋友，我不能还手打你啊。你遇到困难我当然要鼎力相助了。"

从此之后，他们的友谊更加牢固了。

人与人之间产生摩擦、矛盾是在所难免的，但若因争一时之气而过分较真，只会引起更大的矛盾，破坏相互间的感情，小孩子之间也是如此。

所有的家长都希望自己的孩子交到更多的朋友，获得更多的快乐。但随着孩子年龄的增长，他们交往的圈子会越来越大，在与更多的人接触的过程中，也时常会因一些小事而争得面红耳赤，甚至因恼羞成怒而大打出手。

然而，孩子毕竟是孩子，其正确处理各种问题的能力还比较差。所以，家长应该从小注意引导孩子，让他学会用一颗宽容的心与他人交往。具体方法可参考以下几种：

1. 让孩子适当承受心胸狭窄带给自己的伤害

在人际交往活动中，宽容是一剂包治百病的良药，它能化干戈为玉帛，使人一笑泯恩仇。

所以，当孩子因别人的过错而生气、怨恨时，家长应该让孩子知道，不肯包容别人，实际上就是拿别人的过错惩罚自己。

2. 避免做出对孩子有误导作用的举动

很多家长都希望孩子能始终保持宽容、豁达的心态，因为人们更愿意与宽容待人的人交朋友。但现实生活中，有些孩子的好胜心太强，芝麻绿豆大的事都不能容忍，比如在和小朋友们玩耍时吃了点小亏，他可能会非常气愤地与对方争吵甚至打架，或者哭着跑回家向家长告状。

遇到类似的事，家长首先要冷静、宽容地看待问题，千万不能不分青红皂白就把别的孩子臭骂一顿，或追上门去“讨要说法”。孩子还小，在不知道如何正确解决矛盾的情况下，他只会效仿家长的做法。所以，如果家长心胸狭窄，不能宽容待人，他的行为就会对孩子产生一定的误导作用。

3. 打破“铁三角”家庭模式

许多孩子心胸狭窄，是因为在家庭中，从小就没有人与自己竞争，久而久之，他会事事以自我为中心，不愿理解他人。

因此，家长可以选择一个适当的时机在家庭中增加一个新成员，让孩子的身边出现“竞争者”。这样，在与新成员竞争、合作的过程中，孩子就能逐渐学会谦让与包容，也会懂得宽厚待人就是善待自己。

细节92：不要让孩子心生嫉妒

上小学五年级的小涵，是个能歌善舞、聪明伶俐的女孩儿。在学校里，她不仅学习成绩好，人缘一直也不错，从一年级开始，同学们都愿意选她当班长，老师们也很喜欢她。

可最近，小涵的妈妈发现她经常生闷气，话语间好像对班里新转来的一名女同学充满了敌意，一会儿说“她长得要多丑有多丑，同学们还说她漂亮”，一会儿又说“她有什么了不起的，考试成绩只比我高一分，老师就使劲儿表扬她”。

总之，自从班里来了那位新同学，小涵经常憋着一肚子气回家。她妈妈很担心，觉得小涵的嫉妒心有点强，但一时又想不到好的办法去疏导她。

小孩子往往比较情绪化，自控能力也比较差，常常会根据外界事物对自己的利弊做出最直接的情绪反应。像事例中的小涵这样的孩子，因为在自己生活的圈子里长期处于中心地位，独占了来自别人的宠爱，当身边出现另外一个比自己更优秀的孩子，她就会感受到威胁。于是，为了保住自己受表扬的优越者的地位，她可能会以冷言冷语、背后说别人坏话或哭闹、发脾气等方式宣泄自己心中的郁闷，嫉妒心更强的孩子还可能会做出一些攻击性行为。

喜欢嫉妒别人的孩子，长大后走入社会，可能会因别人取得了自己没有取得的成绩而苦恼，严重者甚至会因仇视别人而无法融入社会。

相信任何一位家长都不希望自己的孩子受“嫉妒心”折磨，不希望嫉妒成为孩子成功路上的“绊脚石”。那么，到底如何注意纠正孩子的嫉妒心理呢？家长可选用以下几种方法：

1. 尽力避免在孩子之间进行比较

小男孩毛毛与表弟在同一个兴趣班学画画。一天，毛毛的妈妈将他和表弟一起接回家，吃过饭后就开始欣赏两个孩子的画作。

表弟的画里有蓝天、白云，有绿绿的草地，草地上还画有几只小绵羊和牧羊犬，整幅画的色彩协调，看起来很漂亮。于是，毛毛的妈妈从柜子里拿出一本漫画书，作为给表弟的奖励，还告诉毛毛：“你看，小表弟画得多好啊，你要是再不努力，就要彻底输给他了。”

听了这话，旁边的毛毛立马站起来说：“我今天已经写完其他作业了，表弟还没写呢，你不能把漫画书奖励给他。”

在家庭中，家长对其他孩子的表扬、奖励，很容易让自己的孩子产生嫉妒心理，于是，不甘心在妈妈心中的地位落后于其他人的孩子，往往会采取告状、搞破坏或说他人坏话等方式来扭转局面。为避免发生这样的情况，家长就应尽量避免将自己的孩子与其他小朋友进行比较，要告诉孩子——其实你也很棒。

2. **帮孩子分析差异并迎头赶上**

人与人之间必然存在差异，许多人努力奋斗，为的就是逐步缩小与周围人之间的差距，让自己变得更加优秀。所以，当发现自己的孩子在某些方面不如他人时，家长要做的不是过度表扬他人而批评、贬低自己的孩子，正确的做法应是先肯定孩子在某些方面的过人之处，然后再引导他认识自己的不足。

林女士最近发现女儿的英语成绩有所下降，主要是没有记牢单词，她打算和女儿谈谈。可女儿十分要强，最怕听到别人说她哪里做得不好。于是，林女士想了想说："孩子，你最近的成绩不错，舞蹈也跳得越来越好了，爸妈很高兴！但是，如果默写英语单词的成绩再高一点，爸妈会更高兴，相信宝贝也会更开心吧？"

听林女士这么说，女儿笑着点了点头："嗯，妈妈，我知道了，我会更加努力地学英语。不过，妈妈您也要帮我哦！"

自那以后，林女士每天晚上都陪女儿一起背单词。女儿默写的单词，她会认真检查，挑出有错误的单词，让女儿认真改错，然后重点去记这一部分单词。没过多久，女儿的英语成绩就有所提高。

3. **让孩子的生活丰富多彩**

在大多数孩子看来，受到家长、老师或其他人的表扬是一件非常值得高兴的事，但它并不是唯一的。

生活中，家长应努力让孩子感受多种乐趣，让他的生活变得丰富多彩，比如鼓励孩子多做一些力所能及的好事，让他从帮助他人中获得快乐；让孩子从体育运动、逛街、旅行等丰富的课余生活中体验不一样的快乐。这样，孩子就不会将获得老师、他人的表扬当作唯一的乐趣，在得不到表扬时也不会特别失望，进而产生嫉妒心理。

第十三章

成就孩子一生的8个性格训练细节

每个生命都是与众不同的，每个孩子也都有着自己特殊的性格与使命，正如“天生我材必有用”之意。每一位家长都希望自己的孩子能有所作为，成为与众不同的佼佼者。然而，与众不同的人不是孤芳自赏的人，不是骄傲自大的人，也不是自私固执的人。要培养与众不同的孩子，家长就应尽早对其进行积极的性格训练，让孩子从小感受到自己生命之特殊所在。

细节93：性格训练一——让孩子学会勇敢面对现实

许女士的女儿小敏是名初中生，刚上初中时，她的考试成绩很不错，能排到年级前10名，家长、老师常常表扬、奖励她，同学们也对她羡慕不已。

可一年后，小敏的成绩竟一落千丈，名次从以前的年级前10名跌至30多名。此后，敏感的小敏觉得老师和同学们对她的态度都发生重大转变，好像自己已经不被人看重了。渐渐地，小敏的心情越来越差，她感觉自己成了班上可有可无的一个人，也不知该怎样面对老师、同学及家长。

于是，她选择了逃避，每天与妈妈一同出门，之后却并没有去上学，而是又偷偷溜回家自学。这样逃学一个星期，小敏的爸妈都全然不知，直到有一天小敏的班主任打电话到家里询问情况，他们才察觉女儿不敢面对现实的事。

像小敏这样因成绩下滑而感觉在老师、同学面前"失宠"的孩子，往往并非真的厌学，而是因为巨大的成绩落差让他们难以接受现状。值得庆幸的是，小敏逃学后只在家中自学，并没有在外面游玩，如果她因不敢面对身边的人和事而自暴自弃甚至自甘堕落，后果则更不堪设想了。

十几岁的孩子虽入学已久，接触了不少老师、同学，但毕竟没什么人生阅历，所以在遇到一些困难、挫折时难免会恐慌、不知所措，没有勇气去面对，进而选择逃避。

然而，逃避现实对任何一个孩子的成长都是十分不利的。孩子逃避现实，实际上是在自我欺骗。有些孩子像鸵鸟一样把头埋进沙子里，原本是想免于受伤，却不曾想这只是自欺欺人，会让自己变得更加脆弱。

所以，要让自己的孩子变得坚强，且能勇敢应对人生的每一次挫折与挑战，家长就应从小注意对其进行敢于面对现实的性格训练。训练的方法主要有以下几种：

1. 对孩子进行“狮子型”教育

“狮子型”教育是近几年在韩国十分流行的一种教育理念，其核心是让孩子勇敢面对现实，从逆境中寻找解决问题的方法。

游乐场中，一个男孩想玩过山车这项刺激的游戏，但却不敢一个人去玩，他想让爸爸陪他一起去。结果，爸爸一口回绝，还告诉他：“你既然想玩这个游戏，就要独自面对惊险和自己的恐惧，否则你永远都无法体会到这项游戏的乐趣了。你真的愿意一直遗憾下去吗?”

男孩听后，站在原地仔细想了一会儿，然后从爸爸手中接过玩过山车的票说：“爸爸，我自己去，我想做个勇敢的人!”

孩子其实和森林中的狮子一样，不可能一生都处在家长的羽翼之下，终有一日，他们要独自走向社会，自己面对所有的竞争与挑战。因此，他们也该像幼狮一样，从小学会去面对，在逆境与挫折中不断历练。

2. 告诉孩子“我相信你一定行”

生活中，家长要经常鼓励孩子，多给孩子增加信心。当孩子遇到一些小困难、小挫折，家长要告诉他：“我相信你一定能做好!”久而久之，孩子会更加自信，遇到任何事都会有勇气去面对。

14 岁的蒙蒙从小就喜欢游泳，10 岁开始她便逐渐打破全省乃至全国的各种游泳比赛记录。可一场突如其来的交通事故，让蒙蒙的腿受了伤。起初，蒙蒙很沮丧，以为自己可能再也不能游泳。可伤势稳定一些后，她的脸上又出现了笑容，还开始努力做康复练习，希望能再次下水游泳。而蒙蒙之所以能够勇敢面对这残酷的现实，正是她的爸爸妈妈经常鼓励的结果。自蒙蒙懂事起，爸妈就经常告诉她：“孩子，我们相信你能行，相信你会勇敢、坚强地面对每一件事!”

3. 给孩子最温暖的拥抱

美国著名心理学家赫洛德·傅斯研究发现，拥抱可以让人变得更坚强、更有活力，也能让家人之间的关系更亲密。家长常常拥抱孩子，还能提高孩子的心理素质，让他感到更安全，因为当他在家长臂弯里感受到温暖后，他会相信无论什么时候都有人做自己坚强的后盾。

细节94：性格训练二——让孩子做到严以律己

孩子严以律己就是对自己负责，而只有对自己负责，才有可能负起其他的责任。然而，生活中对自己不负责任的孩子并不少见，有些孩子每天无所事事，从不严格要求自己，却对别人十分苛刻；有些孩子随心所欲，放任自流，最终使自己一事无成。

前苏联教育家苏霍姆林斯基曾说，要使我们的孩子成为坚定的人，就要让他严格要求自己。在孩子的成长过程中，严以律己是他走向成功的第一步。不能严格要求自己的孩子，往往是因为其有较强的惰性。

很多孩子都不愿受家长、老师的约束，常常会想办法挣脱束缚，但真正没有了他人的督促，其惰性就会很快暴露出来，并影响自己的正常生活。就拿锻炼身体而言，健康的体魄是一个人最重要的“资本”，但许多孩子从小都对此不以为然，只在家长、老师的“逼迫”下才适当做些运动，若没有人督促，他们往往无法坚持下去。在学习方面也是如此，有些孩子在家长身边时会刻苦学习，一旦进入寄宿学校，脱离了家长的管束就会放任自流，对学业有所松懈。

然而，自古以来的成功者们大都懂得自持自律，能够严格要求自己。

大文学家司马光小时候也和很多孩子一样，有着贪睡贪玩的坏习惯，还为此常受先生的责罚和同窗的嘲笑。但在先生的谆谆教诲下，他下决心一定要改掉陋习。后来的每一天，他都严格要求自己，为免睡过头，他经常在晚上喝很多水，以为这样自己就会被尿憋醒。可时间长了，这个方法的效果就不那么好了。于是，聪明的司马光又用圆木头做了个枕头，早上他一翻身，头就会滑落到床板上，然后自然惊醒。因为这样严以律己，最后他终于获得了文学上的成功。

小孩子的心理发育还不成熟，自律能力比较差。因此，要让孩子明白自己肩上的责任，家长就应从小注意对其进行严以律己的性格训练，主要方法有以下几种：

1. 让孩子在潜移默化中养成好习惯

家长是孩子的一面镜子，在孩子心理发育还不够成熟时，镜子中的人怎么做，他们往往也会学着那样做。这和心理学中“印刻现象”的实验结果十分相似。印刻现象是说小鸡、小鸭子等刚从蛋壳中出来时，会追逐它看见的母鸡、母鸭或眼前的其他什么人，并长期追随以至习以为常。

所以，孩子小时候的行为习惯，也主要是通过学习身边的家长而形成的，家长在饮食、运动、卫生、学习等方面的习惯，常常会潜移默化地影响孩子。那么，为了让孩子严以律己，养成良好的学习、生活习惯，家长就要以身作则，要用好的习惯影响孩子。比如，家长要求孩子不抽烟、不喝酒，自己就要先戒烟、戒酒，给孩子做个好榜样。

2. 让孩子自律，文明用语不可少

有位8岁女孩的妈妈找到一位心理医生问：“最近我发现女儿说话越来越粗鲁，经常会说些脏话，我们怕伤她自尊，不敢打她、骂她。您说我该用什么方法让她改掉这个坏习惯呢？”

心理医生问：“那么，作为父母，你们平时有没有说过比较粗鲁的话呢？”

“这个……偶尔也有。”女孩的妈妈不好意思道。

“其实，我们并非圣人，偶尔不注意，说话带脏字也是难免的。但是在孩子面前，我们千万要谨慎言语，切忌孩子大都是以父母为榜样的。除此之外，平时我们还要刻意训练孩子多用礼貌用语，让她谨言慎行。”心理医生说。

女孩的妈妈听了心理医生的建议，回家后便开始刻意训练孩子文明用语，如果孩子不小心说了脏话，她就会施以小惩，比如给她脸色看或者让她多做点家务活，让她知道不能自律、言行举止不文明的孩子难以招人喜欢。两个多月后，女孩就改掉了说脏话的坏习惯。

孩子严以律己，不仅仅是要控制自己的行为举止，更要谨言慎行，避免出言不逊，否则他很难得到别人的尊重，却很容易为自己招来麻烦。

3. 让孩子学会自己做计划并依计划行事

家长应该让孩子试着设计、规划自己的未来，并督促他依计划行事。若孩子不能严格执行自己制定的计划，家长可以这样问他："这是你自己定的计划，相当于你的承诺，现在又做不到，难道你想做个不守承诺的人吗?"或者说"如果我答应你要做一件事，最后又没有严格要求自己，没有好好履行对你的承诺，你会不高兴吗?"家长这样的言语，总好过对孩子的批评。

细节95：性格训练三——让孩子学会客观公正地看问题

生活中，人们常常喜欢凭自己过去所得的知识、经验等看待问题，这很容易让人有偏见，对许多事情产生刻板印象。比如，人们常说"生意人都很狡猾""犹太人都很吝啬""男人都不爱讲卫生""女人都不爱讲道理"等等，就是带着"偏见"评价人的结果。

人一旦有了偏见，就会把人看"扁"，因为偏见会像一堵厚厚的石墙挡住人的视线，让人无法看清人、事、物的本来面目，进而无法公正、客观地去分析问题。

小孩子在分析、评价一个人、一件事的过程中，他们往往会受身边家长、老师、同学的影响，人云亦云。这对孩子人生观、价值观的形成是十分不利的。那么，为了让孩子对客观世界有一个清晰、正确的了解，家长就应从小引导孩子仔细思考、冷静判断，让他在了解问题的各个方面后做出更加客观、公正的评价。具体来说，家长可以从以下方面入手，对孩子进行相应的性格训练：

1. 时常引导孩子进行换位思考

8岁的小男孩小峰一天回家后闷闷不乐的，爸爸问："小男子汉，今天情绪不高啊，遇到什么烦心事了吗?"

小峰犹豫了一会儿说："爸爸，今天我的电子词典不见了，同学们都觉得是雷雷偷的，我也怀疑是他，可他自己不承认。"

"你们为什么怀疑他呢，有什么证据吗，还是有人亲眼看到他拿了？"爸爸问。

小峰回答道："这倒没有。只是，大家都觉得雷雷平时不爱搭理我们，大家出去玩的时候，他经常一个人待在教室里，今天他就一个人在教室里待了很长时间。而且同学们都说他家比较穷，没有给他买太好的学习用品，他很羡慕我们用的这些文具，所以他偷东西的嫌疑最大。"

"原来是这样啊。你们没有证据，就不能这样主观地断定是雷雷偷了东西，知道吗？你反过来想想，假如雷雷丢了东西，他一口咬定是你偷的，你会有什么样的感觉？"爸爸问。

"我当然很生气，很难过啊！我是个好孩子，绝对不会偷别人的东西的。"小峰说。

爸爸继续问："那么，你又怎么知道雷雷不是好孩子呢？只因为他家经济条件不好，又不喜欢和同学们一块儿玩，你们就说他会偷东西，这对他是不是不公平呢？万一是你们错怪了他，他该有多难过啊！"

小峰仔细想了想爸爸说的话，然后点点头说："爸爸，你说的对，我不能冤枉别人。这件事我会告诉老师，让他帮我找电子词典。如果不是雷雷拿的，我一定向他道歉。"

后来，在老师的帮助下，小峰找到了电子词典，原来是他去电子阅览室听过课后落在了那里。于是，小峰和其他同学一起真诚地向雷雷道歉。

小孩子往往比较在意自己的感受，很少会设身处地站在别人的角度思考问题，这使其很容易产生从众心理，即别人怎么说他就跟着怎么说。所以，要让孩子公正、客观地看待问题，家长就应时常引导孩子进行换位思考，站在他人立场上体会对方的感受。

2. 让孩子与身边的人互相赞美

孩子也是具有独立意识的个体，他们会很在乎别人对自己的评价，也很想得到他人的认同与肯定。经常受人夸奖、赞美的孩子，会很注意维护自己的形象，不会轻易做出不受欢迎的事。所以，家长应鼓励孩子与周围的小朋友互相赞美，让他们寻找到同伴身上的优点与长处，而不是紧盯着对方的缺点，这样他们就不容易对同伴有偏见。

细节96：性格训练四——让孩子学会变通

很多家长都有这样的感觉：孩子变得十分固执，家长说往左，他偏偏要转右，看起来是存心与人作对。这个时候，如果家长也坚持原则，孩子可能会哭闹，想尽办法让家长妥协。面对这种情况，家长往往既生气又无奈，不知孩子为何如此固执，是天性如此还是自己管教无方。

随着孩子年龄的增长，他们会越来越有主见，对很多事情会有自己的想法。这时，家长一方面可能会感到欣慰，另一方面也会有负担，因为孩子很可能不再听家长的话，并强烈坚持自己的意愿。对此，家长要做的不应仅仅是妥协，还应该用正确的方法引导孩子去变通，而不是固执己见。大多数情况下，孩子固执的态度会对自己造成一些不良后果，而学会灵活变通，许多事情或许会有更好的结果，正所谓“柳暗花明又一村”。

无论在生活还是学习中，孩子学会变通，在正常模式行不通的情况下试着转变思路，或许就能很快解决危机，并为自己找到新的出路。不过，孩子的心理发育还不够成熟，要学会灵活变通，这还需要家长的帮助和引导，具体方法如下：

1. 要试着理解孩子内心的想法

6岁的小男孩洋洋，特别喜欢看晚饭前某电视台播放的一部动画片，为此他常常连饭都顾不上吃了。妈妈担心洋洋经常不按时吃饭会损伤身体，于是打算想办法阻止他看动画片。

可她知道洋洋是个倔脾气，有时会非常固执，强行制止他看动画片反而可能弄巧成拙。

后来，妈妈想了想，对洋洋说：“妈妈知道，你特别想看完这集动画片再吃饭对不对?”

洋洋点了点头。妈妈继续说：“嗯，这么好看的动画片，错过不看真的很可惜。不过，一会儿饭菜凉了，你吃了肚子会痛的，那也很难受对吗?”

“对，肚子痛很难受，洋洋以前还因为肚子痛打过针呢。”洋洋回答道。

“是呀！不单是这样，看动画片时间太长，眼睛也会近视，以后会看不见东西的。”说着，洋洋的妈妈就假装看不见，伸出双手摸身边的东西，“你看，就像妈妈这样，如果看不见，我就找不到洋洋了，那可怎么办啊?”

“我不要妈妈找不到洋洋，我这就去吃饭，不然我也就看不见妈妈了。”听了妈妈的话，洋洋赶快起身去吃饭。

其实，孩子和成人一样也需要别人的理解，即使做错了事，也需要家长给他个台阶下。所以，家长要让孩子摆脱固执的性格，就应先试着理解孩子，让他有改变自己想法的理由。

2. 让孩子适当体验“固执”的后果

有时，若孩子执意要做某件事，家长再怎么讲道理也都是毫无意义的。这个时候，如果孩子的行为没有太大危险性，不会造成过于严重的后果，家长不妨先暂缓说教，让孩子尝一点“执拗”为自己带来的不良后果。

3. 锻炼孩子的发散性思维

有这样一道智力测验题：用什么方法能使冰最快地变成水？大多数孩子想到的是加热、用太阳晒的方法，但有人却回答说“去掉两点水”。这种超出人们想象的答案，就是懂得变通之人发散思维的结果。

在孩子成长的过程中，家长注意锻炼其发散性思维，凡事都让他试着从不同的角度、方向去思考，这是促进孩子大脑发育，使其学会灵活变通的有效手段。

细节97：性格训练五——培养有自知之明的孩子

自知之明指的是一个人要清楚自己的强项和弱项，明白什么事自己能做，什么事不能做，而不是执着于做自己能力之外的事情。

孩子的自我认知能力较差，在成长过程中出现骄傲自大、自以为是的情况是难免的。除了自身不够成熟，缺乏自知之明外，还有其他一些原因，包括过于优越的家庭生活条件及家长过多的夸奖、过分溺爱等对孩子的影响。优越的家庭条件容易使孩子变得虚荣、自傲，并喜欢炫耀自己、夸大自己的能力；家长过多的奖励，也会让孩子觉得自己比别人都强，从而产生自傲心理。

所以，要培养有自知之明的孩子，家长还需从自身做起，用正确的方法教孩子学会自知。那么，家长到底采用何种方法才能让孩子及早认识自己、了解自己呢?

1. 引导孩子正确评估自己

孩子缺乏自知之明主要是因为没有清楚地了解自己，且大多数情况下表现为高估自己，认为别人都不如自己。所以，家长应耐心引导孩子认识自己的优点和长处，正视自己的缺点和不足并帮助孩子弥补缺点。

在引导孩子看清自己的缺点和不足时，家长所用方法要得当，不能严厉斥责孩子，使其产生畏惧心理或伤害其自尊心。正确的方法应是“晓之以理”，耐心地给孩子讲道理，并用身边人的事例或有趣的小故事启发孩子，让他以人为鉴。

此外，家长要告诉孩子金无足赤，人无完人。任何人都会有缺点，处于成长期的孩子，只有清楚地认识到自己的不足才能更好地进步，未来的人生道路才会更加平坦。

2. 让孩子学会“吾日三省吾身”

10岁的男孩成成以前有些自以为是，听不得别人的意见，总以为只有自己的想法是正确的。一次，他在体育场看到有人在举重，自己也想去试试，旁边的妈妈还没来得及阻止，他就已经跑到杠铃旁边。那些杠铃都是成年人才能举起的，可成成偏要试试，还说自己力气很大。于是，在妈妈还没跑到杠铃旁边时，成成已经开始举重。没想到杠铃真的很重，他用尽全身力气只抬离地面一两寸，还差点砸伤了脚，他这才决定放弃。

当时，面对自以为是的成成，妈妈有点生气，但她并没有立即教训成成，因为那样会让他非常反感，而他自己可能也从未觉得做错什么。但那天以后，妈妈除了经常言语教导成成要看到自己的短处和缺点，还要求他写日记，长短不限，但必须抒发自己对这一天所遇到人和事的真实感受，并在日记中评价自己的言行举止，最后再让他总结言行中的优缺点。妈妈还和成成约定，每过几天要挑选一篇日记供她检查，看看他有没有在日记中认真反省自己并及时改错。这样引导成成自省几个月后，他的言行举止变得稳重了许多，不再像以前那样自以为是了。

让孩子学会自我反省，其实就是让他对自己的言行进行正确的评价，这种评价对他今后的学习、生活等有着十分重要的意义。

3. 不要过分娇惯孩子，奖励以精神鼓励为主

家长不能给孩子特殊待遇，要尽量营造一个彼此尊重、平等温馨的家庭氛围，让他在这样环境中学会心平气和地与他人交流，互相倾听意见。渐渐地，孩子就会学会尊重别人，并在决定一件事之前广纳他人意见。从别人不同的意见、看法中，孩子才能更好地认识自己，了解自己。

另外，过多的物质奖励容易使孩子产生畸形的满足感，甚至会让其忘乎所以、不思进取。所以，家长在教育孩子的过程中要尽量减少对其的物质奖励，一般情况下，口头表扬就能让孩子获得心理上的满足。

细节98：性格训练六——培养孩子的大局观

在乡下爷爷奶奶家长大的彤彤，10岁时才到省会与爸爸妈妈一起生活。从前，爸爸妈妈忙于工作，很少亲自管教彤彤，如今一家三口团聚，他们就有更多照顾和教育彤彤机会。

然而，彤彤在自己家里住了一段时间后，爸妈发现他有些小家子气，有时做起事来只顾自己和眼前利益，常常缺乏大局观念，不做长远考虑。比如，平时彤彤和小朋友们一起去踢足球、打篮球的时候，他好像只在意自己的表现，只顾自己进球得分，根本不管球队之前定下的战术。有好几次，彤彤所在的球队都因他而输了比赛，原因就是他缺乏大局观，太注重个人的表现而忽视了整体。后来，爸妈决定想办法培养彤彤的大局观，让他把目光放得长远些，以免因小失大。

大局观，就是指要用长远眼光看问题，要对整体、全局的形势进行全面分析，关注大局的变化、成败等，而不是为种种小胜小负动心。

如今社会，无论在哪个行业中，有大局观的人大多都是团队中的灵魂人物，他们能够深谋远虑，为整个团队制定合适的方针，进而决定这个团队的未来。所以，家长从小培养孩子的大局观是十分必要的，这不仅能使孩子拥有更好的领导能力，还能帮其洞察世事，做一个胸怀广阔的人。那么，家长应该从哪些方面着手培养孩子的大局观呢？以下方法可供参考：

1. 让孩子学围棋

我国古代将“琴棋书画”相提并论，并作为陶冶情操、纯洁性情的最佳方法，其中的围棋由来已久。下围棋可以使人变得温文尔雅、安静和顺。大量统计数据表明，学围棋的孩子要比其他孩子更加聪明，因为学围棋能培养孩子的计算能力，尤其是复杂的计算，同时还能锻炼逻辑思维能力，让孩子学会通过推算预知结果。

不仅如此，在孩子下围棋的过程中，他必须学会从全局出发思考问题、制定相应的计划，并一步步按计划“落子”。如此，孩子不仅会渐渐懂得高屋建瓴的道理，还会明白强与弱、因与果的关系，这对培养孩子的大局观大有益处。

2. 鼓励孩子多参与集体活动

有时，孩子缺乏大局观是因为自我意识太强，做任何事都以自我为中心，进而导致在置身团体、全局中时也过分自我甚至自私，贪小便宜而吃大亏。

9岁的小静原本是个自我意识很强的女孩，刚上小学时，她很少参加学校举办的各种集体活动。可因为这样，小静越来越缺乏大局观念，考虑问题总是不够周到，这一点从她平时的作业中就能看出。一次，老师留下的课后作业是做一项资金预算，可小静所做预算一点都不符合实际，一共有多少项支出、每一项支出应占总资金的比例、这项支出对那一项的影响等，她都没有考虑周全。最后，她所做这份作业的成绩很低。

后来，小静自己也慢慢意识到了问题之所在，她这才愿意听爸妈、老师的话，多与同学们一起参加集体活动，在集体中学会全面分析问题，关注整体和大局，而不是仅考虑自己一人的荣辱。这样坚持一年多以后，小静的性格有了很大转变，她不再像以前那样孤傲了，遇事也懂得用长远的眼光去看待。

3. 陪孩子做闯关游戏

家长可以利用周末休息时间，陪孩子做一些闯关游戏。这个游戏要有一定的规则，要有闯关的具体方案，而每一关的难度，家长可以依孩子的年龄、应对挑战的能力等来决定。在这样的游戏中，孩子要想顺利闯过每一关就必须着眼全局，提前规划好该如何应对每一关，前一关与后一关之间有什么样的联系，怎样才能更快、更好地承接下一关等。这是一个统筹全局的过程，更是锻炼孩子意志力的过程。

细节99：性格训练七——放飞孩子的梦想

有些人之所以成功，是因为他们自小就有梦想，并始终坚持为梦想而奋斗。周恩来从小便有“为中华之崛起而读书”的宏图大志，牛顿年少时就以诗歌《三顶冠冕》表达他献身科学的梦想……

爱因斯坦说，每个人都有一定的理想，这种理想决定着他努力的方向。的确，人生犹如大海行船，梦想既是这船上的风帆，也是远方的灯塔，没有梦想，人生这艘巨轮就会失去航向，最后只能随波逐流。

其实，梦想不一定能实现，却会成为激励孩子不断努力、拼搏的动力。在孩子成长的过程中，心中的梦想会支撑着他们勇敢面对挫折与不幸，一路披荆斩棘，最终实现自我的价值。所以，为了让孩子有前进的动力与方向，家长就应从小鼓励孩子确定自己的梦想并为之不断奋斗。具体来说，家长可以通过以下方法来鼓励孩子坚持梦想：

1. 为孩子建立“梦想档案”

现实的社会已经让越来越多的孩子变得世俗，他们不再立志“做宇航员”“当科学家”等，而是更愿意说“我想有个富爸爸”或“我想当个富二代”之类的话。面对这种情况，家长就急需唤起孩子心中的远大理想，引导他们沿着正确的“航向”前进。

家长可以为孩子建立一个“梦想档案”，让他每年都认真填写自己的梦想，然后由家长保管。每过一年，家长就拿出孩子前一年填写的档案，鼓励他继续坚持这个梦想，如果孩子想改变梦想，家长应问清缘由，并继续支持他。

2. 不能站在自己的角度抨击孩子的梦想

刚上初中的女孩茜茜，对物理产生了浓厚的兴趣，她告诉妈妈长大后想当个物理学家。结果，她妈妈非但没有鼓励，反而给她“泼冷水”道：“你当个物理老师就不错了，物理学家哪有那么好当。再说你一个女孩子，整天做物理研究有什么好，还不如搞音乐、美术之类的。”

被妈妈否定后，茜茜就对自己的未来产生怀疑，对学习也缺乏积极性，连物理考试的成绩都不那么理想了。这个时候，妈妈没有安慰、鼓励她，而是继续打击她：“你看，成绩这么差，当什么物理学家啊？”再次被否定后的茜茜越来越没有信心，她的情绪变得很不稳定，学习成绩也开始不断下降。

很多家长都会站在成人的角度，或以自己的愿望为出发点，去评价孩子的梦想，当认为孩子的梦想与现实有较大差距时，他们会对其迟否定态度。可实际上，梦想是孩子前进的动力，家长不能依自己的喜好来帮孩子确定梦想，更不能言语打击孩子，使其对自己失去信心。

3. 用成功的体验强化孩子的梦想

卢女士的儿子喜欢学外语，他梦想着将来能成为一名优秀的翻译家。为此，他经常刻苦研习外语语法，不仅仅是英语，还有日语和法语，每天早晨起床都练习口语。后来，卢女士知道儿子的梦想后，不仅鼓励他继续努力，还经常带他去市文化中心举办的外语角，让他在那里和外国人直接交流。有时一些外语名师来他们那里讲学，卢女士就会想办法带儿子去听课。慢慢地，儿子外语水平越来越高，通过一次次与外国人的交流沟通，他对自己更加有信心了，当翻译家的梦想也越来越坚定。

孩子的意志力往往不够坚定，但在追逐梦想的过程中又容易遇到各种难题，这时，他们很可能会退缩、放弃。所以，家长应该抓住机会让孩子体验成功的喜悦，让他在不断收获的过程中变得更加自信，从而能够坚持不懈地为梦想去奋斗。

细节100：性格训练八——培养孩子的领导能力

家长从小忽视对孩子领导能力的培养不仅会使孩子缺乏自主能力，还可能使其缺乏信心与勇气，做起事来畏首畏尾，不敢承担自己的责任。所以，孩子成长的过程中，家长应抓住一切可利用的机会培养孩子的领导能力，让他从小学会坚强、独立地应对各种问题，学会勇敢地在群体中展现自身价值。

培养有领导能力的孩子，家长可采取的措施有很多，以下几种方法供参考：

1. 积极支持孩子竞选班干部

很多家长不愿自己的孩子当班干部，认为班级事务繁琐会影响孩子的学习。可实际上，在竞选班干部的问题上，家长的积极支持对孩子不仅是精神上的鼓励，更会成为他学习的动力。

上小学五年级的男孩小安，最近想参加班长竞选，但新上任的班主任并不了解他，他担心自己会落选。为此，小安有些闷闷不乐。

在班里当“官”一直是小安的梦想，为了不让小安失望，妈妈鼓励道：“平时上课，你要认真听讲，老师提问的时候，你勤思考，多回答问题，老师就会对你有好的印象，这对竞选班干部有很大帮助。”

此后，小安听妈妈的话，努力给班主任和同学们都留下好的印象。没过几天，小安放学回家后便高高兴兴地告诉妈妈：“班主任很喜欢我，已经提议让我当班长，同学们也都赞成了！”

当了班长，这对小安是一个很大的激励。自那以后，小安不仅心情愉悦起来，学习积极性也十分高涨，还经常带同学们一起背诵课文，搞文艺活动，参加各种比赛、演讲等。小安事事都做得很认真，结果学期末他被评为“市三好学生”。

家长应成为孩子的支持者，要循序渐进地建立他的自信心，这样，在真正有机会成为领导者时，孩子才能勇敢追求，并从容地挑起这个重担。

2. **鼓励孩子不断去探索**

两位年轻的妈妈带着各自的女儿在公园玩，其中一个女孩从树下潮湿的泥土里挖出一块石头，她兴奋地拿给妈妈看。妈妈见女儿弄脏了手和衣服，便叱责道："怎么搞的，弄得满身脏兮兮的，快扔了这石头！"看妈妈不高兴，女儿只好嘟着小嘴，心不甘情不愿地抛掉自己手中的"战利品"。

可相比这位年轻妈妈，当另外一个小女孩的妈妈看到自己的女儿在泥土堆上"劳作"时，便用温柔的语气问："宝贝儿，你在做什么，是在种东西吗？"女儿说她在探索地下有什么东西，还拿起地上的一个石子儿说："妈妈，您看这块石头漂亮吗？"她的妈妈回答道："很漂亮，要是把它清洗干净，我们就能看得更清楚了。下次我给你找一把泥铲子，我想你肯定能找到比这更好看的石块。"

同样是女儿从泥土里挖出石块，两位妈妈的态度却截然不同。可是，要培养孩子的领导力，我更赞同后一位年轻妈妈的做法，就是让孩子自由地探索。每个领导者身上都具备很强的探索能力，而儿童时期是增强个人探索能力的最佳阶段。

3. **鼓励孩子在众人面前多讲话**

一个优秀的领导者不仅要有独立的思维，学会运筹帷幄、团结他人，还要善于在群体中表达自己的思想。所以，家长应鼓励其大大方方地在他人面前演讲、朗诵等，锻炼孩子胆量的同时也提高了其语言表达能力。